高等技术应用型人才"十三五"规划教材

高等技术应用型人才工业设计类专业规划教材

Photoshop CC 产品设计效果图表现实例教程

李晓东　主编

牛津　赵军　副主编

U0282680

电子工业出版社·

Publishing House of Electronics Industry

北京·BEIJING

内 容 简 介

本书通过详尽的 Photoshop CC 基本工具介绍，由浅入深地将相关工具的使用融入到效果图制作过程当中，详细讲解如何将产品的造型、材质、光影的表现方法通过软件的方式表现出逼真的效果；针对金属、拉丝、塑料、透明等材质的不同特点，通过产品实例制作的方式，让读者对于如何运用软件将不同材质表现到产品设计当中有更加深入的了解。在第 5 章到第 9 章当中，通过产品效果图制作实例，从产品设计流程、设计草图表现、Photoshop 效果图表现，再到提案展示等，使读者更加接近设计实践的过程，为后续从事设计工作打下良好基础。

未经许可，不得以任何方式复制或抄袭本书之部分或全部内容。

版权所有，侵权必究。

图书在版编目（CIP）数据

Photoshop CC 产品设计效果图表现实例教程/李晓东主编.--北京：电子工业出版社，2015.6
ISBN 978-7-121-26151-0

Ⅰ．①P… Ⅱ．①李… Ⅲ．①图象处理软件－高等学校－教材 Ⅳ．①TP391.41

中国版本图书馆 CIP 数据核字（2015）第 112238 号

责任编辑：贺志洪　　　　　　　特约编辑：张晓雪　薛　阳
印　　刷：涿州市般润文化传播有限公司
装　　订：涿州市般润文化传播有限公司
出版发行：电子工业出版社
　　　　　北京市海淀区万寿路 173 信箱　邮编　100036
开　　本：787×1092　1/16　印张：12.75　　字数：326.4 千字
版　　次：2015 年 6 月第 1 版
印　　次：2025 年 2 月第 13 次印刷
定　　价：54.00 元

凡所购买电子工业出版社图书有缺损问题，请向购买书店调换，若书店售缺，请与本社发行部联系，联系及邮购电话：(010)88254888。

质量投诉请发邮件至 zlts@phei.com.cn，盗版侵权举报请发邮件至 dbqq@phei.com.cn。

服务热线：(010)88258888。

前　言

随着人们生活的不断提高,对产品的需求标准也在不断地提升,这就对设计师的要求更加严格,使得设计师在今后的工作中存在更多竞争。竞争促使了进步,这就从更多方面要求设计人员具备更强的综合设计能力。产品设计效果图的表现是整个产品设计开发过程中的重要环节,是设计师与客户交流的语言,同时也是设计师传达设计创意的媒介,是设计师应具备的基本素质。因此,产品设计效果图表现是产品生产前期对设计进行评估的最有效手段,在几乎所有的设计公司都是通过产品效果图作为最终产品生产的参照。

本书主要收集了本人从事设计工作及教学工作中积累多年的经验和技巧,全书系统地讲解了 Photoshop 产品设计效果图在产品设计项目流程中所处的阶段及重要性,让更多的人深入了解设计环节,并能通过 Photoshop 从产品造型分析、材质特点、光影效果等对产品进行表现,最终达到产品设计提案效果图的要求,希望能够给予学习设计的学生、从事设计的人员及爱好设计的朋友很好的借鉴。

本书的素材、教学资源等可到华信教育资源网(www. hxedu. com. cn)免费下载或者向出版社编辑索取(hzh@phei. com. cn)。

编　者
2015 年 5 月

目　录

第 1 章
工业产品设计概论

1.1 产品设计流程

产品设计的流程包括：

（1）设计项目的开始阶段，比如获取信息（客户信息、产品信息、市场信息等），起草设计合同，与客户沟通检查合同，签订合同并安排时间进度。

（2）设计的前期研究分析，比如了解产品存在的问题，了解产品的用户需求，了解产品的设计发展趋势等。示例如图 1-1 至图 1-4 所示。

图　1-1

THE EARTH 前期调研

现存产品 缺陷分析

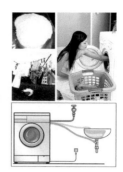

洗衣过程复杂

在现有洗衣机的使用过程中，通常要经历"放入衣物—加洗衣粉—洗衣—甩干—排水—晾衣"这一过程。复杂的过程中占用了更多的时间和空间，不方便于人们快节奏的生活。

占用空间大

现有洗衣机因水泵、排水管、连接管等配件的使用而对其体积产生了一定的限制。在使用步骤中，晾衣也需要占用较大的空间，也给用户的使用体验带来一定的不方便。

3

图 1-2

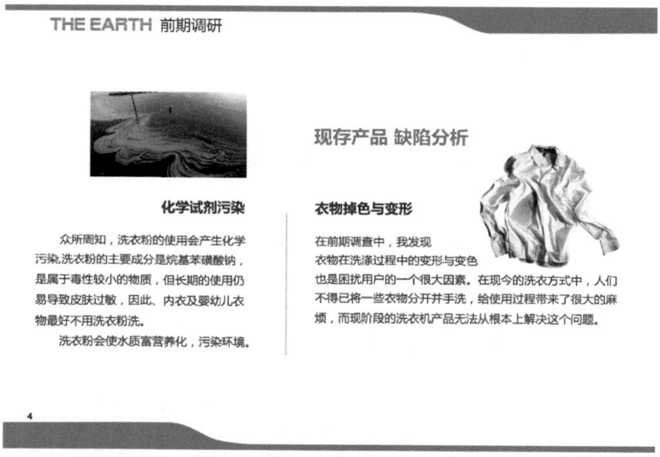

THE EARTH 前期调研

现存产品 缺陷分析

化学试剂污染

众所周知，洗衣粉的使用会产生化学污染.洗衣粉的主要成分是烷基苯磺酸钠，是属于毒性较小的物质，但长期的使用仍易导致皮肤过敏，因此、内衣及婴幼儿衣物最好不用洗衣粉洗。

洗衣粉会使水质富营养化，污染环境。

衣物掉色与变形

在前期调查中，我发现衣物在洗涤过程中的变形与变色也是困扰用户的一个很大因素。在现今的洗衣方式中，人们不得已将一些衣物分开并手洗，给使用过程带来了很大的麻烦，而现阶段的洗衣机产品无法从根本上解决这个问题。

4

图 1-3

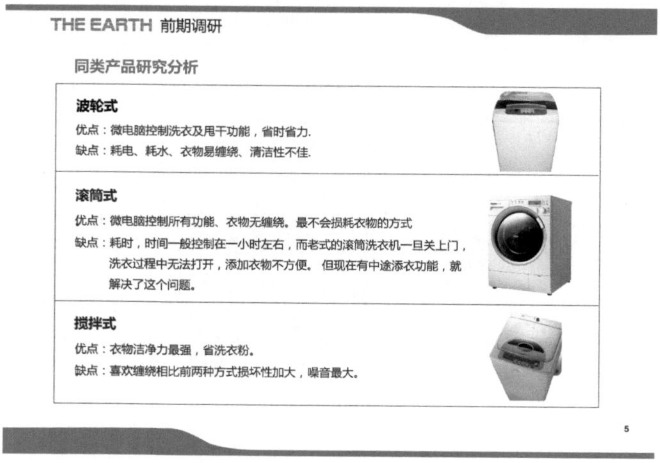

THE EARTH 前期调研

同类产品研究分析

波轮式 优点：微电脑控制洗衣及甩干功能，省时省力。 缺点：耗电、耗水、衣物易缠绕、清洁性不佳。	
滚筒式 优点：微电脑控制所有功能、衣物无缠绕。最不会损耗衣物的方式 缺点：耗时，时间一般控制在一小时左右，而老式的滚筒洗衣机一旦关上门，洗衣过程中无法打开，添加衣物不方便。但现有中途添衣功能，就解决了这个问题。	
搅拌式 优点：衣物洁净力最强，省洗衣粉。 缺点：喜欢缠绕相比前两种方式损坏性加大，噪音最大。	

5

图 1-4

（3）设计概念到具体化方案，比如设计定位、设计概念草图方案。示例如图 1-5 至图 1-10 所示。

图 1-5

图 1-6

图 1-7

图　1-8

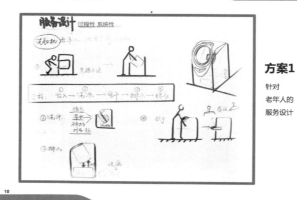

图　1-9

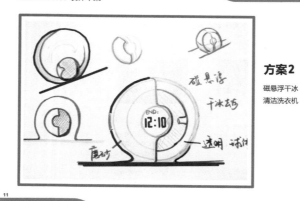

图　1-10

1.2　产品设计定案展示

在产品设计定案展示的过程中,作为一个详细的最终汇报方案,内容应该涵盖此设计产品的各个部件细节、材质工艺、使用方式、工作原理等,让客户对设计产品有一个全面的了解。示例如图 1-11 至图 1-16 所示。

图　1-11

图　1-12

图　1-13

THE EARTH 设计定案
太阳能供电
气孔
回污管
喷气孔
冷冻器
超导金属洗衣篮
使用原理
开启开关 → 急速升华的干冰以超音速冲击衣物 → 干冰和有机物相互作用 → 将有机物分解 → 污垢通过可清洗的回污管被过滤 → 气态CO2被冷冻器重新冻成固态循环使用
18

图 1-14

THE EARTH 设计定案
打开效果图
600mm
530mm
ϕ370mm
三视图与尺寸
19

图 1-15

THE EARTH 设计定案
小结
① 太阳能供电。不用时可充电，提供所需电力。
② 磁悬浮。美观，使生活变得有趣而轻松。无摩擦，不会使衣物变形。
③ 效率高、过程简化。几分钟便可完成洗衣，无需排水晾衣等操作。
④ 干冰超低温去污，可杀菌，不破坏衣物，不污染环境。无水洗涤不用担心掉色。
20

图 1-16

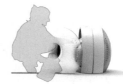

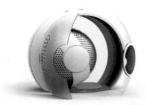

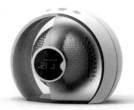

1.3　产品手绘效果图与 Photoshop 效果图的共性

　　产品手绘效果图其实与 Photoshop 效果图在绘制方面存在着相同的共性,只是使用的工具和表现媒介不同而已(一个是手绘,一个是电脑绘制)。具有一定的手绘能力,理解了手绘表现效果图的方法(如透视关系、明暗关系、质感等),对于 Photoshop 效果图绘制具有很大的帮助,希望读者在业余时间加强手绘效果图基础的训练。

1.3.1　透视关系

　　Photoshop 绘制效果图的过程中,在展现产品某一角度的效果时,就需要考虑透视的关系,以避免与真实实物的偏离。透视分为:一点透视,两点透视和三点透视。在产品设计当中,由于产品的尺寸大多比较小,主要通过展示产品的三个面(即正面、侧面、顶面)来说明产品。因此,经常会到用的透视就是一点透视和两点透视,通常产品需要旋转角度展示时以两点透视居多。只有掌握了透视关系,才能更准确地表达产品。示例如图 1-17 所示。

图　1-17

1.3.2　明暗关系

　　任何物体,在光的照射下,都会产生物体的明暗关系,形成体积感。设计时主要根据物体光照的明暗规律,结合光照方向,绘制出产品的体积感及光影的变化,从而达到体积感和空间感的真实效果。在产品效果图表现中,明暗关系表现为:亮面,灰面,明暗交界线,暗面和反光。明暗关系是表现产品设计立体感的最得力手段。示例如图 1-18 所示。

1.3.3　质感

　　产品的材质如同产品的皮肤一样,是组成产品外观效果的重要因素。用不同的方法来表现不同材质的质感,是作为一个设计师应该具备的能力。只有材质表达清晰,才能很好地表现出产品的特质,良好的质感可以决定和提升产品的真实性与价值性,使人充分体会产品的整体美学效果。示例如图 1-19 所示。

图　1-18

图　1-19

1.4　Photoshop产品效果图在设计中的意义

　　Adobe Photoshop,是由 Adobe Systems 开发和发行的图像处理软件。由于其功能强大,操作简单,广泛应用于广告设计、网页设计、CG、图像处理、效果图制作等领域,受到用户的极度好评。

　　Photoshop 的专长主要用于处理以像素所构成的位图图像,虽然它的重点在于图像的处理加工,但是在工业设计效果图绘制方面,也同样有不凡的表现。虽然 Photoshop 是位图软件,相对于 CorelDraw、Illustrator 等矢量绘图软件,在图像创作等方面有些欠缺,但是由于其绘制效果图时,色彩的过渡柔和,色彩层次丰富,效果逼真,操作简单,因此在产品设计过程中,常常使用 Photoshop 来作为效果图的绘制软件。它已经可以达到三维软件渲染的逼真效果,节省了大量的建模时间,使设计师能够有更多的时间去专注设计。示例如图 1-20 所示。

图　1-20

1.5　国内外优秀工业产品设计展示

第2章
Photoshop CC 操作界面及基本工具介绍

2.1　Photoshop CC 操作界面

　　2013 年 7 月，Adobe 公司推出版本 photoshop——Photoshop CC（CreativeCloud）。除去 Photoshop CS6 中所包含的功能，Photoshop CC 新增相机防抖动功能、CameraRAW 功能改进、图像提升采样、属性面板改进、Behance 集成等功能，以及 Creative Cloud，即云功能。

　　其实，在 Photoshop 绘制产品设计效果图的过程中，版本的变化以及功能的增加等，对于我们进行产品设计效果图绘制没有太大的影响。在产品设计效果图绘制中经常用到的一些工具，在版本的升级过程中，并没有太大的变化。所以，只要掌握 Photoshop 中用于绘制产品效果图的基本工具，就可以很好地完成效果图的绘制。其界面如图 2-1 所示。

图　2-1

1. 图像编辑窗口

图像编辑窗口是 Photoshop 的主要工作区域,用于显示图像文件。在图像编辑窗口的左上角带有文件标题栏,上面提供了所打开文件的基本信息,例如:文件名、缩放比例、颜色模式等。如果同时打开多个图像文件,可以通过单击窗口进行切换,或使用快捷键(Ctrl+Tab)进行切换,如图 2-2 所示。

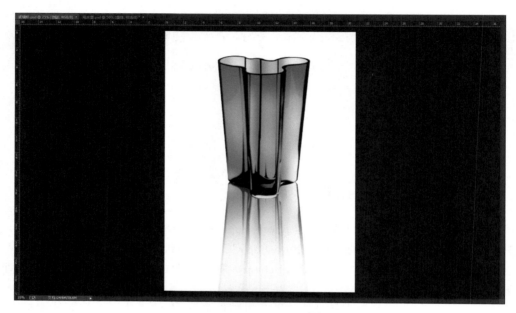

图　2-2

2. 工具箱

工具箱中的工具可用来选择、绘画、编辑以及查看图像。拖动工具箱的标题栏,可移动工具箱。单击可选中工具或移动光标到该工具上,属性栏会显示该工具的属性。有些工具的右下角有一个小三角形符号,这表示在工具位置上存在一个工具组,其中包括若干个相关工具,如图 2-3 所示。

3. 属性面板

属性面板又称工具选项栏。选中某个工具后,属性栏就会改变成相应工具的属性设置选项,可更改相应的选项,如图 2-4 所示。

4. 菜单栏

菜单栏位于主窗口顶端,最左边是 Photoshop 标记,右边分别是最小化、最大化/还原和关闭按钮。菜单栏为整个环境下所有窗口提供菜单控制,包括:文件、编辑、图像、图层、选择、滤镜、视图、窗口和帮助九项。Photoshop 中通过两种方式执行所有命令:一是菜单(见图 2-5),二是快捷键。

图　2-3

图　2-4

图　2-5

5．状态栏

状态栏位于主窗口底部,由三部分组成：文本行,说明当前所选工具和所进行操作的功能与作用等信息；缩放栏,显示当前图像窗口的显示比例,用户也可在此窗口中输入数值后按回车来改变显示比例；预览框,单击右边的黑色三角按扭,打开弹出菜单,选择任一命令,相应的信息就会在预览框中显示,如图2-6所示。

图　2-6

6．图层面板

图层面板是使用最频繁的面板,通过新建图层,可以在每一层上进行绘制图像。图层的概念如同透明的拷贝纸,在拷贝纸上画出图像,并将它们叠加在一起,就如同浏览图像的组合效果。在对每一图层的图像进行编辑时,都不会影响其他图层中的图像。在绘制效果图的过程中,使用"图层"可以将复杂的图像分解成为相对简单的多层结构,对图像进行分层处理,减少了图像处理的的工作量并降低难度。在后面的实例中,会有更详尽的讲解。图层面板如图2-7和图2-8所示。

图　2-7

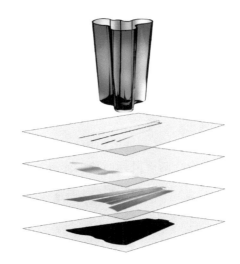

图　2-8

7．路径面板

通过创建新路径,绘制用于勾画产品轮廓的路径并保存,用于后续填色过程的使用。路径面板中的每一个工作路径层也都是独立的,可以单独地对相应的层内路径进行编辑,不会影响其他层中的路径。路径其实就是绘制的轨迹,既可以作为轮廓的描边工具,也可以作为区域颜色的填充工具。路径面板如图2-9所示。

图　2-9

2.2　Photoshop 基本工具介绍

Photoshop 在图像处理上非常强大,深受用户的好评,带有很多滤镜效果用于图像的处理。但在进行产品设计效果图绘制中,只涉及一部分工具,因此,绘制起来更加的简便,只要能理解这些工具的使用方法,就能做成非常逼真的展示效果。

1. 选区工具

选区工具中主要使用的工具为矩形选框工具和椭圆选框工具,建立规则图形(矩形或椭圆形等)选区范围,用于区域颜色的填充以及外轮廓的描边。使用选区工具后,按鼠标左键,拖动鼠标,在工作区域中就会建立矩形或椭圆形选区。按住【Shift＋鼠标左键】,再拖动鼠标,就会建立正方形或正圆形选区。按【Alt＋Delete】填充前景色,【Ctrl＋Delete】填充背景色。选区工具及示例如图 2-10 和图 2-11 所示。

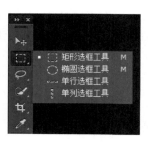

图　2-10

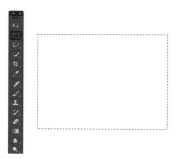

图　2-11

2. 移动工具

移动工具用于移动被选图层中的图像。在图层面板中,选中需要移动的图层,按鼠标左键,该图层的图像会随着鼠标的移动而进行位置的调整。移动工具及示例如图 2-12 所示。

图　2-12

3．橡皮擦工具

橡皮擦工具用于擦除所选图层的图像。在 Photoshop 上方属性面板中,选择【画笔预设】选取器,可以调节橡皮擦的笔头大小(快捷键:]增大笔头,[减小笔头)、硬度及笔头的种类等。选择【不透明度】,可以调节橡皮擦擦除图像的强弱程度。不透明度越大,擦除的越彻底;不透明度越小,擦除的效果越弱。操作示例如图 2-13 至图 2-16 所示。

图　2-13

图　2-14

图　2-15

图　2-16

4．渐变工具

渐变工具是结合选区工具同时使用的,通过建立选区范围,在选区内进行颜色的渐变,主要用于产品设计过渡面的颜色变化。在 Photoshop 上方属性面板中,选择【可编辑渐变】,会弹出【渐变编辑器】对话框。通过调节色彩条下方的【色标】,可以更换渐变的颜色以及颜色变化的位置。在颜色条下方,通过单击,增加【色标】,从而增加了颜色变化的种类。相反,选择任何一个【色标】,单击向外拖拽,会删除【色标】,减少颜色变化的种类。在颜色条上方,选择【不透明度色标】,可以改变此位置的颜色不透明度数值及位置。示例如图 2-17 至图 2-19 所示。

图　2-17

图　2-18

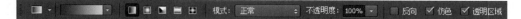

图　2-19

5．钢笔工具

钢笔工具主要用于绘制产品形态的轮廓线，每绘制的线条都会在路径面板中保存生成路径，用于后期的填色及描边处理。选择【钢笔工具】，每单击一次都会在鼠标的位置生成一个锚点、点与点之间的连线或形成连续的路径。选择【增加锚点工具】，在路径上单击就会增加一个锚点。选择【删除锚点工具】，在已有的锚点上单击就会删除一个锚点。选择【转换点工具】，单击路径上的锚点拖动鼠标，在锚点上会出现两个控制杆，同时，锚点处的折线就变成与控制杆相切的弧线。松开鼠标左键，再重新单击控制杆，便可以单独地调节左控制杆或右控制杆了。示例如图 2-20 至图 2-24 所示。

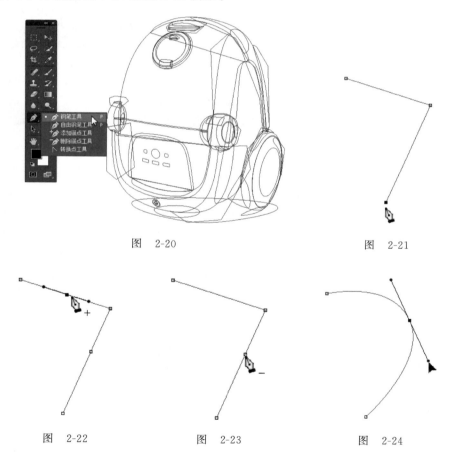

图　2-20　　　　　　　　　　　　　　　　　　图　2-21

图　2-22　　　　　　　　　图　2-23　　　　　　　　　图　2-24

6．减淡、加深工具

减淡、加深工具能够使图像颜色减淡或加深，多用于绘制产品效果图的凸起物或凹陷物的明暗效果。例如：产品按钮的绘制或产品凹槽的绘制等。示例如图 2-25、图 2-26 所示。

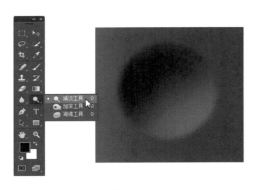

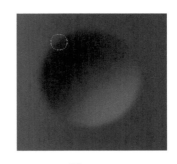

图　2-25　　　　　　　　　　　　　图　2-26

2.3　Photoshop 效果图表现的基本步骤

在绘制产品设计效果图前,首先要对绘制的产品进行分析,了解其形态、结构、材质后,再根据效果图表现的基本步骤进行绘制,要做到每一步应该做什么都心里清楚,以避免做到后面再进行修改,会耽误很多时间。

Step1：绘制一个产品,首先要使用钢笔工具绘制其外轮廓形态,在此过程中,要调整好尺寸比例关系以及透视关系。再绘制产品中的细节形态,例如按钮、轮子、凹槽等,并调整好其与整体形态的大小比例关系。绘制产品的轮廓线就如同产品的骨架、填色就如同产品的皮肤。只有骨架比例关系正确,填色后产品效果图才能更加逼真。在路径面板中,随时保存绘制过的轮径,以便后期调用,如图 2-27 所示。

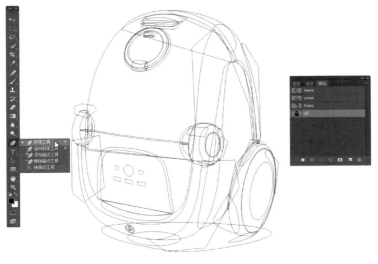

图　2-27

Step2：对产品进行填色。通过在路径图层中调用我们需要填色的路径,进行填充产品固有色。使用减淡、加深工具、橡皮擦工具、高斯模糊滤镜等,对产品曲面颜色变化和明暗变化进行过渡处理,以达到立体效果,如图 2-28 所示。

Step3：对产品进行细部刻画。比如产品的纹理表现以及产品高光部分的绘制。注重产品设计的的细节表现,会使其表现效果更加丰富,如图2-29所示。

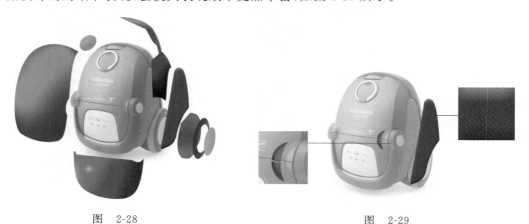

图　2-28　　　　　　　　　　　　　　　　　　图　2-29

Step4：分模线、高光线及阴影的绘制。所有分模线,转折面产生的高光线等通过【钢笔工具】绘制,使用【橡皮擦工具】做高光线的强弱变化。产品的阴影部分是表现三维效果中不可或缺的一部分,只有绘制了阴影,才会有产品与地面接触以及前后关系,如图2-30所示。

图　2-30

第 3 章
Photoshop CC 产品设计效果图表现基础

3.1 造型表现方法

产品设计效果图的表现离不开对产品造型的理解,在做产品效果图之前设计者心里首先要清楚产品各种造型的细节,再进行设计表现。这样思路就会很清晰,对产品造型的理解也会更透彻,有助于产品的表现。

在产品设计效果图表现之前,精确的手绘线稿呈现也是非常有必要的。通过扫描手绘线稿,将其导入到 Photoshop CC 中,然后选择工具箱中的【钢笔工具】,对线稿的各个细节进行造型形态的绘制。这些钢笔工具所画线会形成路径,保存到路径面板当中,用于以后进行材质表现时颜色的填充使用,如图 3-1 和图 3-2 所示。

图　3-1

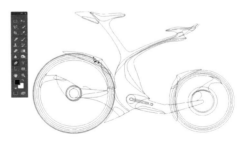

图　3-2

3.2 材质表现方法

材质的表现其实就是对光的表现,不同材质带给人们的视觉和触觉感受不同,人们对材质的认识也大都依靠不同角度的光线。一个好的产品设计需要好的材质来进行渲染气氛,使人们去想象和体味产品的魅力,激发起人们的购买欲望。

3.2.1　金属材质表现效果

金属材质是高反光材质,有较强的明暗关系及色彩,能够反射场景中的影像。很多产品的表面是金属材质,但形状曲面较多,明暗交界线或反射场景的影像在产品表面会被拉伸变形。了解产品表面曲面和形态的变化规律,根据形态的变化,调整明暗交界线。如圆柱形金属材质,其明暗交界线成直线形;球体金属材质,其明暗交界线成圆弧形,如图 3-3 和图 3-5 所示。下面以图 3-5 为例介绍设计过程。

图　3-3　　　　　　　　　　　　　　　　　　图　3-4

Step1:选择菜单栏中【文件】→【新建…】或快捷键【Ctrl＋N】,建立新文档。在新建文档对话框中设置文档名称、画面尺寸、分辨率等,如图 3-6 所示。

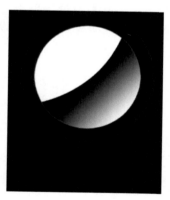

图　3-5

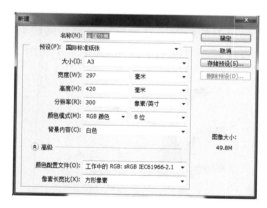

图　3-6

Step2:单击【确定】按钮后,就会建立工作画面,如图 3-7 所示。

Step3:将前景色调整为"黑色",选择菜单栏中【编辑】→【填充】或快捷键【Alt＋Delete】,使背景图层填充为"黑色",如图 3-8 和图 3-9 所示。

Step4:单击图层面板中的【创建新图层】按钮,就会在图层面板中建立一个新图层,如图 3-10 所示。

Step5:选择工具箱中【椭圆选框工具】,按住【Shift＋鼠标左键】再拖动鼠标,在工作画面中画出一个正圆选区,如图 3-11 和图 3-12 所示。

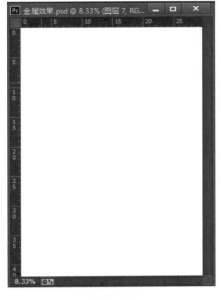

图　3-7　　　　　　　图　3-8　　　　　　　图　3-9

图　3-10　　　　　　　图　3-11　　　　　　　图　3-12

Step6：将前景色调整为"白色"，选择菜单栏【编辑】→【填充】或快捷键【Alt＋Delete】，将正圆选区填充为前景色"白色"，如图 3-13 和图 3-14 所示。

Step7：按【Ctrl＋鼠标左键】，再单击正圆所在图层，调出正圆的选区。在图层面板中单击【创建新图层】按钮，用相同的方法分别在其他新建图层中画出圆形区域并填充，如图 3-15 所示。

Step8：按【Ctrl＋鼠标左键】，再单击最内圆所在图层，调出圆形选区。选择菜单栏中【选择】→【修改】→【收缩】，根据所画图需要，调整选区收缩量大小，如图 3-16 至图 3-18 所示。

图　3-13

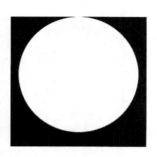

图　3-14

图　3-15

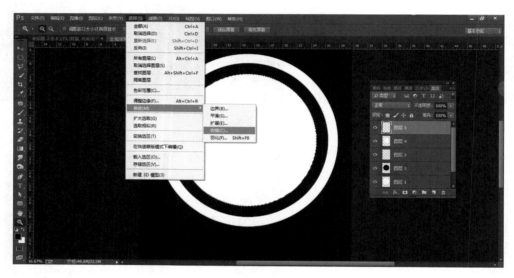

图　3-16

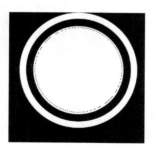

图　3-17

图　3-18

Step9：将前景色调为"白色"，按快捷键【Alt＋Delete】，将选区填充为前景色"白色"，如图 3-19 和图 3-20 所示。

Step10：按【Ctrl＋鼠标左键】，再单击刚建立的新图层。选择工具箱中【椭圆选框工具】，再选择菜单中出现的【从选区中减去】，减掉选区中不要的区域，如图 3-21 至图 3-23 所示。

图 3-19

图 3-20

图 3-21

图 3-22

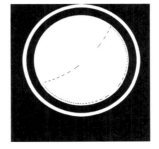

图 3-23

Step11：在图层面板中选择【创建新图层】，再选择工具栏中的【渐变工具】，调出【渐变编辑器】对话框，根据需要调整颜色渐变，如图 3-24 至图 3-27 所示。

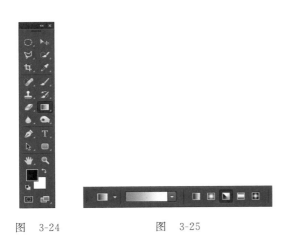

图 3-24

图 3-25

图 3-26

Step12：按【Ctrl＋鼠标左键】，再点选图层 1 和图层 4，降低图层不透明度，如图 3-28 和图 3-29 所示。

Step13：选择菜单栏中【滤镜】→【模糊】→【高斯模糊】，根据需要调整数值，使金属效果更自然些，金属材质效果制作完成，如图 3-30 和图 3-31 所示。

图 3-27 　　　　　　　图 3-28 　　　　　　　图 3-29

图 3-30 　　　　　　　　　图 3-31

3.2.2 拉丝材质表现效果

　　金属拉丝质感大胆前卫,极具个性化风格与时代感,具有冷静高雅的气质,经常用于厨房产品以及数码产品当中。金属拉丝材质由于采用精细拉丝打磨,表面没有像金属表面那样光滑,因此,它的明暗交界线不是很明显,明暗面的过渡比较均匀,如图 3-32 至图 3-34 所示。下面以图 3-34 为例讲解设计过程。

图 3-32 　　　　　　　　图 3-33 　　　　　　　　图 3-34

　　Step1:选择菜单栏中【文件】→【新建...】或快捷键【Ctrl＋N】,建立新文档。在【新建文档】对话框中设置文档名称、画面尺寸、分辨率等,如图 3-35 所示。

Step2：单击【确定】按钮后，就会建立工作画面，如图 3-36 所示。

图 　3-35　　　　　　　　　　　　　　　图 　3-36

Step3：在图层面板中选择【创建新图层】建立一个新图层，如图 3-37 所示。

Step4：在工具箱中选择【椭圆选框工具】，再按住【Shift＋鼠标左键】拖动鼠标，画出一个正圆选区，如图 3-38 所示。

图 　3-37　　　　　　　　　　　　　　　图 　3-38

Step5：选择工具箱中的【渐变工具】，再选择【角度渐变】，调出【渐变编辑器】对话框，根据需要调节好渐变效果，如图 3-39 至图 3-41 所示。

图 　3-39　　　　　　　　　　　　　　　图 　3-40

图　3-41

Step6：利用鼠标左键从圆的中点处拖动鼠标做出渐变效果，如图 3-42 所示。

Step7：选择菜单栏中【滤镜】→【杂色】→【添加杂色】，增加金属材质的颗粒感，根据需要调节合适的数值，如图 3-43 至图 3-45 所示。

图　3-42

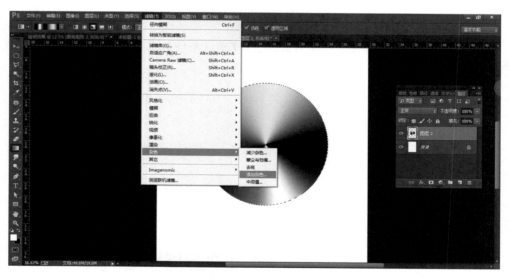

图　3-43

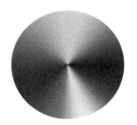

图 3-44   图 3-45

Step8：选择菜单栏中的【滤镜】→【模糊】→【径向模糊】，增加金属的拉丝效果，再根据需要调节合适的数值。金属拉丝效果制作完成，如图3-46至图3-48所示。

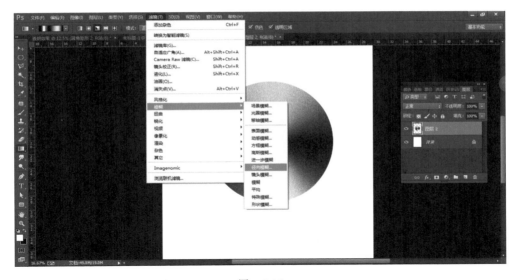

图 3-46

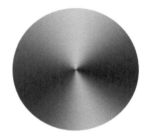

图 3-47   图 3-48

3.2.3　塑料材质表现效果

　　塑料材质分为两种。一种是进行光泽化处理的塑料材质,其抛光后反光率很强。通常情况下,在塑料抛光材质上的光泽边缘会随着产品的形态而变化。例如:圆形产品,其光泽边缘就是弧形;如果是方形平面产品,那么其光泽边缘就是直线形。另一种是没有经过光泽化处理的塑料材质,其没有较强的反光率。在塑料产品表面就不会形成光泽面,只是在固有色的基础上做明暗关系。如图 3-49 至图 3-51 所示。下面以图 3-51 为例介绍设计过程。

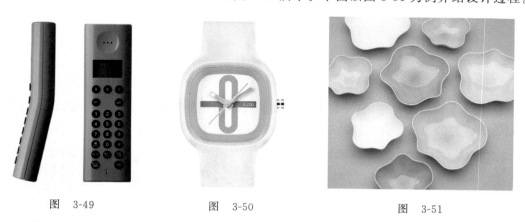

图　3-49　　　　　　　　　图　3-50　　　　　　　　　图　3-51

　　Step1:选择菜单栏中的【文件】→【新建...】或快捷键【Ctrl+N】,建立新文档。在【新建文档】对话框中设置文档名称、画面尺寸、分辨率等,如图 3-52 所示。单击【确定】按钮后,建立工作画面,如图 3-53 所示。

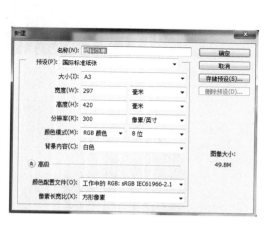

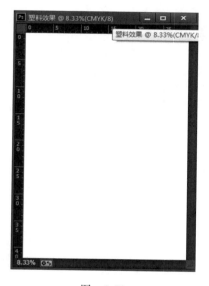

图　3-52　　　　　　　　　　　　　　　　　图　3-53

　　Step2:将前景色调整为"蓝灰色",选择菜单栏中的【编辑】→【填充】或快捷键【Alt+Delete】,使背景图层填充为"蓝灰色",如图 3-54 至图 3-56 所示。

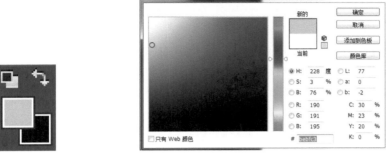

图　3-54　　　　　　　　　　　　　　　　　　图　3-55

Step3：选择工具箱中的【钢笔工具】画出花盘的形状。再双击路径所在路径层,定义路径名称并确认储存路径,如图 3-57 至图 3-60 所示。

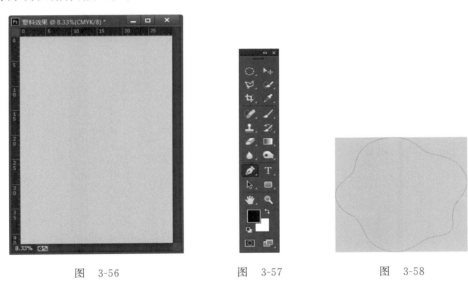

图　3-56　　　　　　　　图　3-57　　　　　　　图　3-58

图　3-59　　　　　　　　　　　　图　3-60

Step4：将前景色调为"灰白色"，在路径面板中选择用
【用前景色填充路径】按钮，把路径区域填充为前景色"灰白
色"，如图 3-61 所示。

Step5：按【Ctrl＋鼠标左键】，再单击图形所在图层调出
选区。选择菜单栏中【选择】→【修改】→【收缩】，再根据需要
调整收缩数值。在图层面板中选择【创建新图层】，将选区填
充为"蓝色"，如图 3-62 至图 3-64 所示。

Step6：选择工具箱中的【加深工具】和【减淡工具】，设计
出花盘的暗部和亮部效果，如图 3-65 所示。

图 3-61

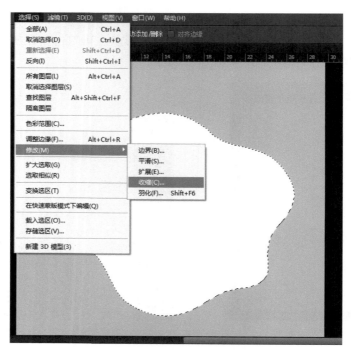

图 3-62

图 3-63

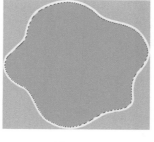

图 3-64

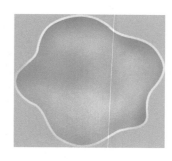

图 3-65

Step7：使用工具箱中【钢笔工具】画出高光区域范围，在图层面板中选择【创建新图
层】，并填充"白色"作为高光，如图 3-66 和图 3-67 所示。

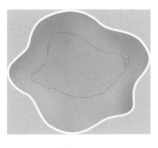

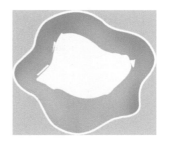

图　3-66   图　3-67

Step8：降低高光区域所在图层的【不透明度】，使高光透出塑料花盆的固有色，显得更自然，如图 3-68 和图 3-69 所示。

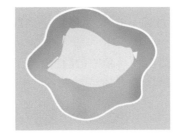

图　3-68   图　3-69

Step9：使用工具箱中的【橡皮擦工具】，将高光层变化区域进行擦除，使高光区域沿曲面的变化更自然，如图 3-70 和图 3-71 所示。

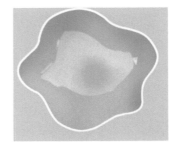

图　3-70   图　3-71

Step10：制作出细节部分。将花盘转折处颜色变化的区域利用【钢笔工具】画出，并填充稍微亮一些的"蓝色"，如图 3-72 和图 3-73 所示。

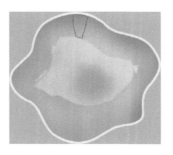

图 3-72

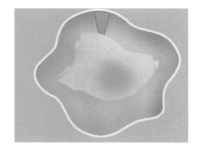

图 3-73

Step11：使用工具箱中的【加深工具】和【减淡工具】，使"蓝色"反光区域更融合，如图 3-74 和图 3-75 所示。

Step12：使用工具箱中的【钢笔工具】，画出花盘中间的转折部分明暗变化区域。在图层面板中选择【创建新图层】，按【Ctrl＋鼠标左键】单击路径面板中路径所在层，使路径变成选区。选择菜单栏中的【编辑】→【描边】，调到合适的描边宽度，将描边颜色调整为"白色"，如图 3-76 至图 3-78 所示。

Step13：将中间转折部分的白色描边线进行【高斯模糊】处理，使其与花盘形成很好的过渡。选择菜单栏中的【滤镜】→【模糊】→【高斯模糊】，根据需要调整数值，如图 3-79 和图 3-80 所示。

Step14：使用工具箱中的【橡皮擦工具】，根据需要擦除中间转折处部分区域，使花盘看起来更加自然融和。塑料材质效果制作完成，如图 3-81 和图 3-82 所示。

图 3-74

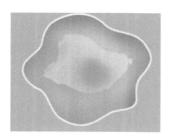

图 3-75

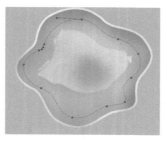

图 3-76

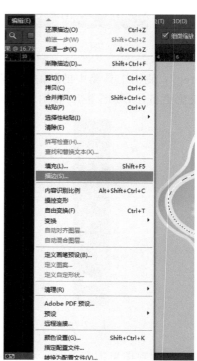

图 3-77

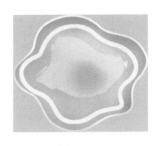

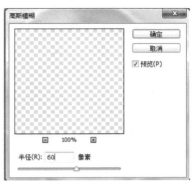

图　3-78　　　　　　　　　　　　　　　图　3-79

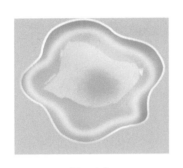

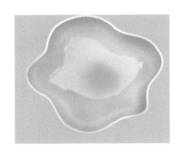

图　3-80　　　　　　　　　图　3-81　　　　　　　图　3-82

3.2.4　透明材质表现效果

透明材质一般通过高光、高反射、折射等来体现其通透感。这里把玻璃和透明塑料统称为透明材质，一般用于瓶子、产品机壳以及显示屏幕的较多。用于瓶子时，由于其在转折处，材质会增厚，因此颜色会比固有色更深；用于屏幕时，材质层应与底层的显示文字拉开一段距离，会产生厚度感。如果遇到透明材质与透明材质相互前后摆置时的情形，主要是靠透明材质被挡住的部分的虚化来体现其前后关系，如图 3-83 至图 3-85 所示。下面以图 3-85 为例介绍设计过程。

图　3-83

图　3-84

图　3-85

Step1：选择菜单栏中的【文件】→【新建...】或快捷键【Ctrl＋N】，建立新文档。在【新建文档】对话框中设置文档名称、画面尺寸、分辨率等，如图 3-86 所示。

Step2：单击【确定】按钮后，就会建立工作画面，如图 3-87 所示。

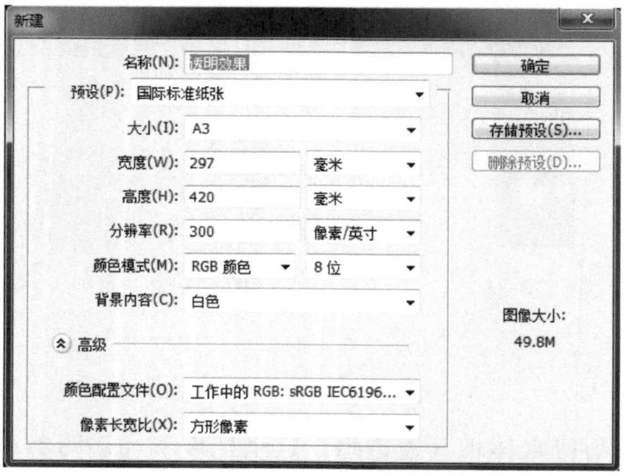

图　3-86

图　3-87

Step3：选择工具栏中的【圆角矩形工具】，将半径调为"60"，填充为"深灰色"，描边选择"无边"，如图 3-88 至图 3-92 所示。

图　3-88

图　3-89

图　3-90　　　　　　　　　　　　　　图　3-91

图　3-92

Step4：用相同的方法，改变圆角矩形半径大小，画一个小的圆角矩形，如图 3-93 所示。

Step5：选择菜单栏中的【文件】→【置入】，再选择要放入的图片，按快捷键【Ctrl＋T】改变图片的大小，放入屏幕中，如图 3-94 至图 3-96 所示。

Step6：使用工具箱中的【多边形套索工具】，将屏幕的反光部分画出。在图层面板中单击【创建新图层】，填充选区为"白色"，并降低"不透明度"，如图 3-97 至图 3-100 所示。

Step7：使用工具箱中的【加深工具】和【减淡工具】，将屏幕外侧灰色边缘进行加深和减淡处理，让屏幕反光更自然，如图 3-101 和图 3-102 所示。

图　3-93

图　3-94

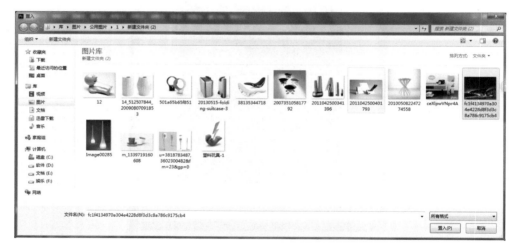

图　3-95

图　3-96

图　3-97

图　3-98

图　3-99

图　3-100

图　3-101

图　3-102

Step8：在图层面板中选择置入图片所在图层，再双击图层或鼠标右键选择【混合选项】，调出【图层样式】对话框。选择【斜面和浮雕】调节相关数值，使图片产生向下凹陷的效果（图片边缘背光的两个边缘变暗，迎光的的两个边缘变亮），这样的效果使显示图片与透明表面产生上下距离感，使透明效果更真实，如图 3-103 和图 3-104 所示。

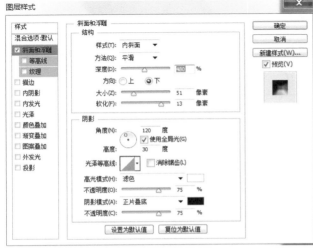

图　3-103

图　3-104

3.3 光影表现方法

产品设计效果图制作时一般根据人的视觉习惯,拟定左上方 45 度角或垂直上方 90 度角作为照射光的光源。

产品阴影的制作分为两种。一种是制作所设计产品的倒影,从产品接触地面的底部开始,倒影的影像离产品越远越弱化。这种方式,使产品的表现设计感更强烈一些。另一种是通过制作产品阴影的方式,在产品底部与地面接触处,制作黑色向灰色过渡的阴影效果。这种方式使整个画面具有空间感,产品真实感更强,如图 3-105 至图 3-107 所示。

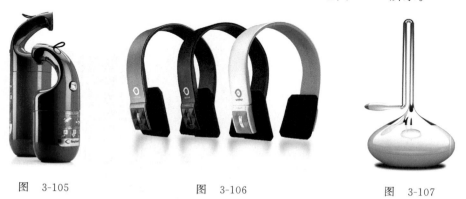

图　3-105　　　　　　　　图　3-106　　　　　　　图　3-107

3.4 本章小结

本章通过产品设计效果图造型表现方法、材质表现方法以及光影表现方法,详细讲解了在制作效果图之前,如何去分析产品形体,分析材质特点以及光影如何去表达,为制作效果图之前做好准备,这样才能更好的展现产品的真实效果,增加产品的设计魅力。

3.5 课后习题

根据本章讲解内容,做一些相关材质小产品的练习,在做的过程中要充分了解材质的特点以及光影变化规律。

第4章
Photoshop CC 各种材质产品表现效果实例

4.1 金属材质—水龙头效果图表现

下面以图 4-1 所示的水龙头效果图来介绍其设计过程。

Step1：新建文档，选择菜单栏中的【文件】→【新建…】，或按快捷键【Ctrl＋N】，在打开的对话框中设置文档文件名称、画面大小、分辨率以及色彩模式等，如图 4-2 所示。单击【确定】按钮后，建立工作画面，如图 4-3 所示。

Step2：使用工具箱中的【钢笔工具】，在工作画面中画出水龙头外轮廓线。在路径面板中会形成工作路径，保存钢笔工具生成的路径，如图 4-4 至图 4-6 所示。

Step3：选择图层面板的【新建图层】图标，新建一个图层，用于水龙头的颜色填充，如图 4-7 所示。

图 4-1

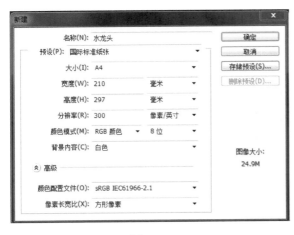

图 4-2

图 4-3

图　4-4　　　　　　　　图　4-5　　　　　　　　　图　4-6

Step4：按【Ctrl＋鼠标左键】点选要填充颜色的路径（水龙头的主体），被激活的路径各转折点会有控件弧度变化的"控制点"出现，如图4-8所示。

图　4-7　　　　　　　　　　　图　4-8

Step5：选择工具箱中的【设置前景色】，弹出拾色器。选择前景色为"黑色"，再选择路径面板中的【用前景色填充路径】按钮，被激活的路径会被填充上前景色，如图4-9至图4-12所示。

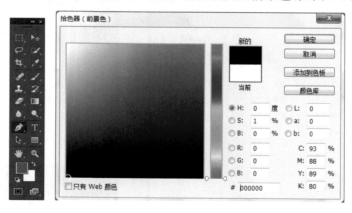

图　4-9

图 4-10

图 4-11

图 4-12

Step6：在图层面板中选择【创建新图层】，将其他路径分别激活，在各自的图层中【用前景色填充路径】，将水龙头的各个部分都填充颜色，如图 4-13 和图 4-14 所示。

Step7：在路径面板中点选"工作路径层"以外的地方，让"工作路径层"由被激活的"蓝色"状态变成未被激活的"灰色"的状态。在工作画面中，路径就会被隐藏以方便作图，如图 4-15 至图 4-17 所示。

图 4-13

图 4-14

图 4-15

图 4-16

Step8：在路径面板中选择【创建新路径】建立路径 1，使用【钢笔工作】画出水龙头高光的区域，如图 4-18 和图 4-19 所示。

Step9：在图层面板中点选水龙头主体的图层，使主体图层处于"蓝色"激活状态。使用【创建新图层】在主体图层上方建立新图层。选择【钢笔工具】，按【Ctrl＋鼠标左键】激活高光路径。将前景色改为"白色"，填充水龙头主体的高光颜色，如图 4-20 至图 4-24所示。

图 4-17　　　　　　　图 4-18　　　　　　　图 4-19

图 4-20　　　　　　　　　　图 4-21

图 4-22　　　　　　　图 4-23　　　　　　　图 4-24

Step10：同上，将水龙头其他部件的高光填充完成，如图 4-25 所示。

Step11：按住【鼠标左键】再拖动图层，调整图层顺序。选择图层面板中的【创建新组】，双击新建组名称，更改名称为水龙头各部位名称，将每个部位的图层对应着放入到创建的组当中。新建组就是将各个部位的图层进行分类放置，以方便以后图层过多，方便查找，如

图 4-26 至图 4-28 所示。

图 4-25　　　　　　　　　　　　图 4-26

Step12：图层面板中，在每个新建组中新建图层，选择工具箱的【渐变工具】，【属性面板】会显示【渐变工具】各项属性。点选【可编辑渐变】，弹出【渐变编辑器】对话框。在颜色条中调节渐变的颜色和透明度，再按住【Ctrl＋鼠标左键】，单击高光图层，高光图层中的色块就会形成选区。使用【渐变工具】，在选区中拖动鼠标制作金属的过渡面，如图 4-29 至图 4-33 所示。

图　4-27　　　　　　　　图　4-28　　　　　　图　4-29

Step13：由于填充的颜色边缘比较生硬，要使其与环境融合，就需要将边缘模糊化。选择各图层，选择菜单栏中的【滤镜】→【模糊】→【高斯模糊】，再根据预览效果调节模糊数值，如图 4-34 所示。

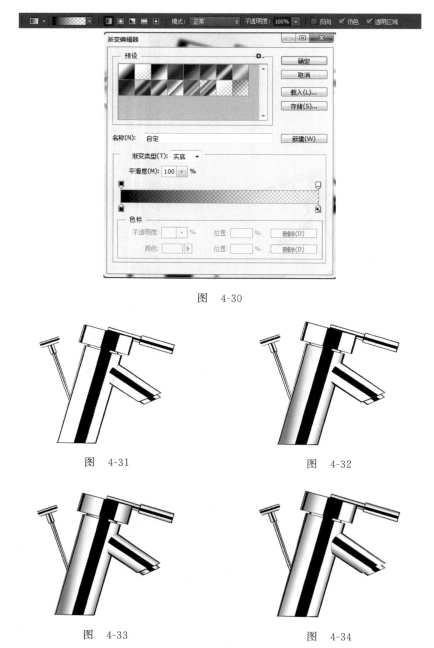

图　4-30

图　4-31　　　　　　　　　　　　　　图　4-32

图　4-33　　　　　　　　　　　　　　图　4-34

Step14：点选背景层前的眼睛图标，将图层隐藏，背景层变为透明层。然后创建新图层，再按住【Ctrl＋Alt＋Shift＋E】键，对所显示的图片进行快照，用于制作水龙头的倒影，如图 4-35 和图 4-36 所示。

Step15：选择快照的照片层，然后单击【编辑】→【变换】→【垂直翻转】，如图 4-37 所示。

Step16：使用【移动工具】，按住【Shift】键垂直向下移动，与水龙头的底部对接，降低【不透明度】，如图 4-38 所示。

Step17：将背景图层前的眼睛图标点出来，显示背景图，如图 4-39 和图 4-40 所示。

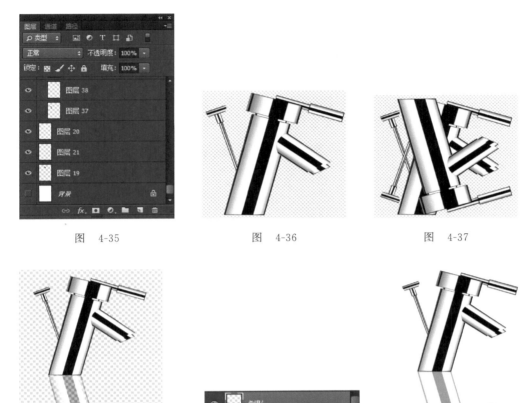

图 4-35　　　　　图 4-36　　　　　图 4-37

图 4-38　　　　　图 4-39　　　　　图 4-40

Step18：使用【橡皮擦工具】，擦出倒影的过渡效果。金属水龙头效果制作完成，如图 4-41 和图 4-42 所示。

图 4-41　　　　　　　　　　图 4-42

4.2　透明材质—玻璃杯效果图表现

下面以图 4-43 所示的玻璃杯效果图为例讲解透明材质的设计过程。

Step1：新建文档，选择菜单栏【文件】中的【新建…】，或按快捷键【Ctrl＋N】，在打开的对话框中设置文档文件名称、画面大小、分辨率以及色彩模式等，如图 4-44 所示。

图　4-43

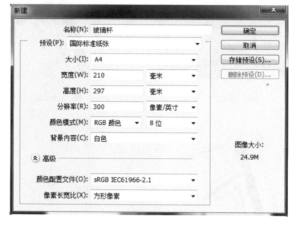

图　4-44

Step2：单击【确定】按钮后，建立工作画面，如图 4-45 所示。

图　4-45

Step3：使用工具箱中的【钢笔工具】，在工作画面中建立玻璃杯外轮廓线。在路径面板中会形成工作路径，保存钢笔工具生成的路径，如图4-46至图4-48所示。

图　4-46　　　　　　　　图　4-47　　　　　　　　图　4-48

Step4：使用路径面板中的工作路径进行颜色填充，这里采用第二种方法，即单击路径面板中的【将路径作为选区载入】按钮（或按住【Ctrl＋鼠标左键】再单击工作路径图层），将路径转换成选区，如图4-49和图4-50所示。

图　4-49　　　　　　　　　　　　　图　4-50

Step5：在图层面板中，选择【创建新图层】，新建一个图层用于填充选区。选择菜单栏中的【编辑】→【填充】选项（或按快捷键【Ctrl＋Delete】），填充前景色"黑色"，如图4-51至图4-53所示。

文件(F)　编辑(E)　图像(I)　图层(L)　类型(Y)　选择(S)　滤镜(T)　3D(D)　视图(V)　窗口(W)　帮助(H)

图　4-51

图　4-52

Step6：使用【钢笔工具】画出玻璃杯口的轮廓线，如图 4-54 和图 4-55 所示。

图　4-53

图　4-54

图　4-55

Step7：在图层面板中选择【创建新图层】，使用路径面板中的工作路径进行填充。填充颜色为玻璃杯的固有色"蓝色"。有两种方法进行设置，第一种方法为选择路径面板中的【用前景色填充路径】按钮，第二种方法为选择【将路径作为选区载入】按钮，然后填充选区，如图 4-56 所示。

Step8：参照玻璃杯的照片如图 4-57 所示，创建新图层，再使用【钢笔工具】画出其他色块的外轮廓线，并进行颜色填充，如图 4-57 至图 4-61 所示。

Step9：使用工具箱中的【减淡工具】和【加深工具】，分别将每一层的固有色图层进行"加深"和"减淡"处理，将颜色需要"加深"的地方加深，将颜色需要"减淡"的地方减淡，做出玻璃透光颜色深浅变化的效果，如图 4-62 和图 4-63 所示。

图　4-56

图　4-57

图　4-58

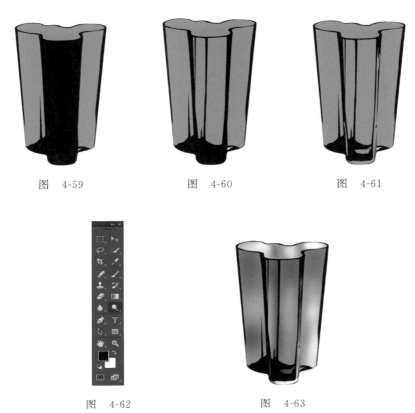

图　4-59　　　　　　图　4-60　　　　　　图　4-61

图　4-62　　　　　　　图　4-63

Step10：分析玻璃杯的颜色变化规律。同种颜色的玻璃，玻璃越厚的地方，颜色越深；玻璃越薄的地方，颜色越浅（根据这个玻璃杯分析，杯壁的厚度都是一样的，但由于转角的部位从正面看过去，玻璃会重叠，造成光线穿过的厚度增加，趋向于"黑色"）。由于玻璃杯的色块边缘颜色都是虚化的，因此选择图层面板，将每一个色块图层进行【高斯模糊】处理，通过预览效果调节数值，如图 4-64 和图 4-65 所示。

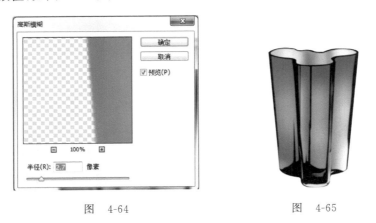

图　4-64　　　　　　　图　4-65

Step11：将玻璃杯较厚的地方表现出来。使用【钢笔工具】画出细节中黑色区域的外轮廓线，创建新图层并填充"黑色"，如图 4-66 至图 4-68 所示。

| 图 4-66 | 图 4-67 | 图 4-68 |

　　Step12：最后将填充的黑色的每一个图层进行【高斯模糊】处理，将黑色区域边缘模糊化，能够更好地跟杯子融合在一起。用鼠标左键激活填充的黑色图层，在进行滤镜、模糊、高斯模糊处理时，可根据观察的效果调节数值，如图 4-69 所示。

　　Step13：制作玻璃上的反光效果。创建新图层，并使用【钢笔工具】画出高光轮廓线，将前景色转换为"白色"，【用前景色填充路径】填充为前景色，降低这一层的【不透明度】，如图 4-70 至图 4-74 所示。

图　4-69

图　4-70

图　4-71

图 4-72

图 4-74

图 4-73

Step14：将图层面板中的背景图层前的眼睛关闭，使背景图层隐藏（玻璃杯的背景由白色变为透明），如图 4-75 和图 4-76 所示。

图 4-75

图 4-76

Step15：在图层面板中创建新图层，再按快捷键【Ctrl＋Alt＋Shift＋E】对所显示的玻璃杯进行快照，用来制作玻璃杯的倒影，如图 4-77 所示。

Step16：选择工具箱中的【移动工具】，再选择快照图层，在菜单栏中选择【编辑】→【变换】→【垂直翻转】，制作玻璃杯倒影，如图 4-78 和图 4-79 所示。

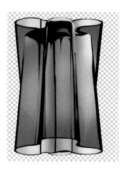

图　4-77　　　　　　　　　图　4-78　　　　　　　　　图　4-79

Step17：将图层面板中背景图层前的眼睛显示出来，使用【移动工具】将快照图层移动，与玻璃杯底部对接。按住鼠标左键将快照图层托动放到玻璃杯所有图层的下面，让玻璃杯图层遮挡住快照图层，如图 4-80 和图 4-81 所示。

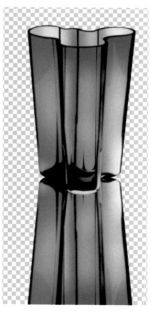

图　4-80　　　　　　　　　　　　　　图　4-81

Step18：降低快照层的透明度，使用【橡皮擦工具】，将离玻璃杯距离远的地方擦除，产生倒影渐变消失的效果，如图 4-82 至图 4-84 所示。至此，玻璃杯效果制作完成，如图 4-85 所示。

图　4-82

图　4-83

图　4-84

图　4-85

4.3 半透明材质—塑料灯具效果图表现

下面以设计如图 4-86 所示的塑料灯具效果图为例讲解半透明材质产品的设计过程。

Step1：新建文档。选择菜单栏【文件】中的【新建...】，或按快捷键【Ctrl＋N】，在打开的对话框中设置文档文件名称、画面大小、分辨率以及色彩模式等，如图 4-87 所示。

图　4-86

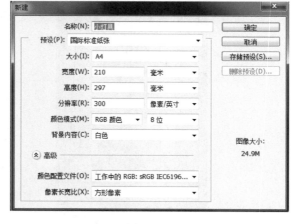

图　4-87

Step2：建立工作画面，如图 4-88 所示。

图　4-88

Step3：选择菜单栏中的【文件】→【打开】，找到要参考制作的小灯具照片文件并打开，如图 4-89 所示。

图　4-89

Step4：选择工具箱中的【移动工具】，将打开的照片移动到新建的工作画面当中，作为效果图的参照图，如图 4-90 至图 4-92 所示。

图　4-90　　　　　　　　　图　4-91　　　　　　　　　图　4-92

Step5：由于照片和工作画面具有不同的分辨率，照片被移动到工作画面后，与画面相比较会显得很小，因此需要使用【缩放工具】对其进行等比例放大到合适的尺寸，可以选择菜单栏中【编辑】→【变换】→【缩放】或快捷键【Ctrl＋T】，如图 4-93 所示。

Step6：在照片外轮廓上，会出现8个控制点，将鼠标移动到图片的4个顶角的位置，按【Shift＋鼠标左键】拖动鼠标，等比例缩放图片到合适的尺寸。然后单击【确定】按钮（或按【Enter】键），如图4-94和图4-95所示。

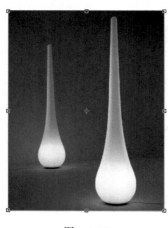

图　4-93　　　　　　　　图　4-94　　　　　　　　图　4-95

Step7：在图层面板中，【创建新图层】用于制作灯具的外轮廓，如图4-96所示。

Step8：使用工具箱栏中的【钢笔工具】，将小灯具的外轮廓勾画出来，如图4-97所示。

图　4-96　　　　　　　　　　　图　4-97

Step9：调整前景色为小灯具的固有色"灰色"，用前景色填充路径，如图4-98至图4-100所示。

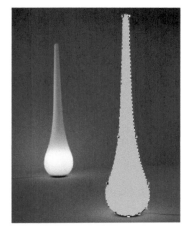

图　4-98　　　　　　　图　4-99　　　　　　　　　图　4-100

Step10：在路径面板中，单击灰色地方，将工作路径由被激活状态的"蓝色"变成未被激活的"灰色"，即画面中的路径被隐藏，如图 4-101 至图 4-103 所示。

图　4-101　　　　　　　　　　　图　4-102

Step11：在图层面板中，【创建新图层】用于制作小灯具的明暗交界线处的暗部。如图 4-104 所示。使用【钢笔工具】画出明暗交界线的外形，在路径面板中选择【用前景色填充路径】按钮，如图 4-105 和图 4-106 所示。

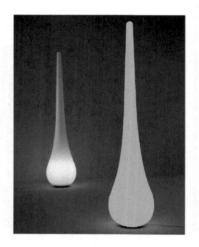

图　4-103

图　4-104

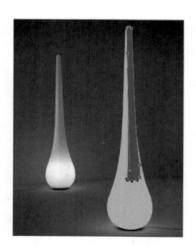

图　4-105

图　4-106

　　Step12：将路径隐藏，选择明暗交界线图层【滤镜】、【模糊】、【高斯模糊】，根据预览效果调节数值。使用【橡皮擦工具】，将离光源近的地方擦除，让明暗交界线的暗部过渡到光源处，如图 4-107 和图 4-108 所示。

　　Step13：使用同样的方法，制作处小灯具明暗交界线的亮部，如图 4-109 所示。

　　Step14：在图层面板中单击【创建新图层】，使用【钢笔工具】画出离光源中心点远些的发光颜色区域，填充路径，如图 4-110 和图 4-111 所示。

　　Step15：按【Ctrl＋鼠标左键】单击小灯具外轮廓所在的图层，调出外轮廓选区，选择菜单栏中的【选择】→【反选】或快捷键 Ctrl＋Shift＋I，如图 4-112 所示。

图　4-107

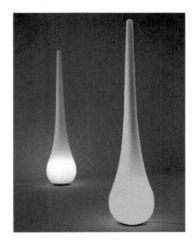

图　4-108

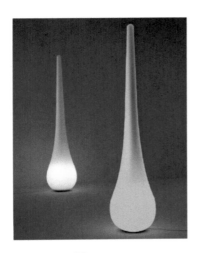

图　4-109

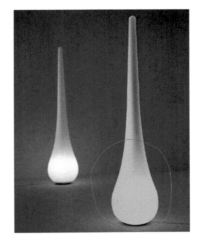

图　4-110

图　4-111

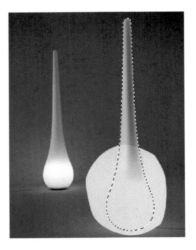

图　4-112

Step16：选择要删除的【发光颜色区域】图层，按【Delete】键，删除小灯具轮廓以外的部分。按【Ctrl＋D】键取消选区，如图 4-113 所示。

Step17：使用【橡皮擦工具】，将离光源远的地方擦除，使其从亮部到暗部均匀过渡，如图 4-114 和图 4-115 所示。

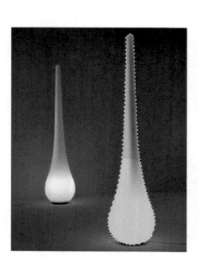

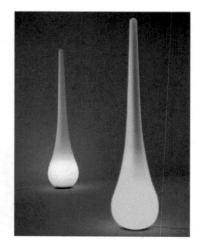

图　4-113　　　　　　图　4-114　　　　　　图　4-115

Step15：在图层面板中创建新图层，使用【钢笔工具】画出中间光源最强的区域，填充强光"白色"，如图 4-116 和图 4-117 所示。

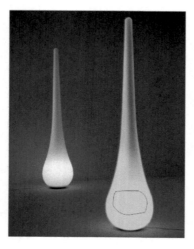

图　4-116　　　　　　　　　　图　4-117

Step19：单击路径面板中灰色的位置，将路径隐藏。选择填充的强光白色层进行【滤镜】、【模糊】、【高斯模糊】处理，根据预览效果调剂数值，如图 4-118 和图 4-119 所示。

Step20：按住【Ctrl＋鼠标左键】再单击小灯具轮廓层，调出外轮廓选区，选择菜单栏中

【选择】→【反选】或快捷键【Ctrl＋Shift＋I】。选择要删除的"白色"层，按【Delete】键，将轮廓以外的白色删除掉，如图 4-120 所示。

　　Step21：制作灯具细节。在图层面板中创建新图层，再使用【钢笔工具】画出小灯具与地面接触处暗部的位置，如图 4-121 所示。

图　4-118

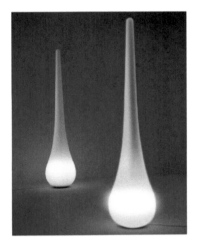

图　4-119

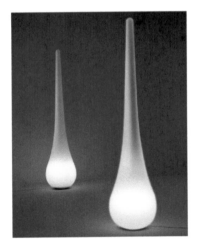

图　4-120

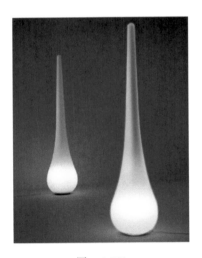

图　4-121

　　Step22：将【用前景色填充路径】设为灰色，并进行【滤镜】、【模糊】、【高斯模糊】处理。按【Ctrl＋鼠标左键】单击小灯具外轮廓图层，调出轮廓选区，在菜单栏执行【选择】→【反选】或快捷键【Ctrl＋Shift＋I】，再按【Delete】键，删除轮廓以外的部位，如图 4-122 至图 4-124 所示。

　　Step23：制作小灯具的阴影，在图层面板中创建新图层，并将这一层拖到最下层，再使用【钢笔工具】或使用【选区工具】画出阴影范围，填充"黑色"，然后进行【滤镜】、【模糊】、【高斯模糊】处理。塑料灯具效果制作完成，如图 4-125 所示。

图 4-122

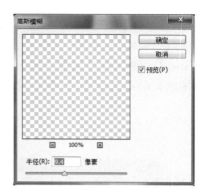

图 4-123

图 4-124

图 4-125

4.4 塑料材质—塑料玩具效果图表现

下面以图 4-126 所示的塑料玩具效果图为例讲解塑料材质产品的设计过程。

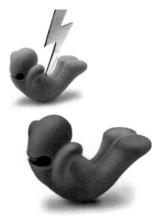

图 4-126

Step1：新建文档，如图 4-127 所示。

图　4-127

Step2：建立工作画面，如图 4-128 所示。

图　4-128

Step3：选择菜单栏中【文件】→【打开】，找到要参照的塑料小玩具照片，按【Enter】键确认，如图 4-129 所示。

Step4：选择工具箱中的【移动工具】，再按住【鼠标左键】将小玩具照片拖入到新建工作画面当中（如果拖不进去，是因为从网上下载的图片是"索引模式"，将"索引模式"改为"RGB 模式"，方法为选择菜单栏中【图像】→【模式】→【RGB 颜色】），如图 4-130 和图 4-131 所示。

图 4-129

Step5：由于拖入照片的分辨率与新建工作画面的分辨率大小不同,因此照片与画面大小比例不协调,因此,选择菜单栏中的【编辑】→【变换】→【缩放】或按快捷键【Ctrl＋T】,等比例缩放照片为合适的尺寸,如图 4-132 所示。

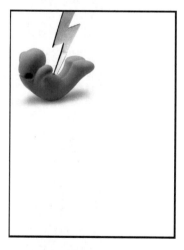

图 4-130

图 4-131

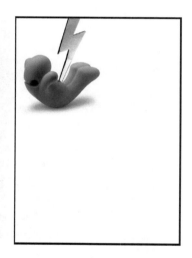

图 4-132

Step6：在图片的外轮廓会出现 8 个控制点,按【Shift＋鼠标左键】单击 4 个顶角的控制点,拖动鼠标可以等比例缩放照片到合适的尺寸,如图 4-133 所示。

Step7：在图层面板中,选择【创建新图层】。参照照片的外形,使用【钢笔工具】在画面中其他空白部位画出小玩具的外轮廓线,如图 4-134 和图 4-135 所示。

Step8：将前景色颜色调整为小玩具固有色"蓝色"。在路径面板中,单击【用前景色填充路径】按钮或按【Ctrl＋鼠标左键】单击工作路径图层,将路径转化为选区。按快捷键【Alt＋Delete】填充前景色,如图 4-136 至图 4-138 所示。

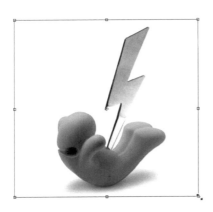

图　4-133

图　4-134

图　4-135

图　4-136

图　4-137

图　4-138

Step9：使用工具箱中的【加深工具】和【减淡工具】，根据参照照片，画出小玩具的亮部和暗部，让填充颜色后的小玩具变得立体起来，如图 4-139 和图 4-140 所示。

图　4-139

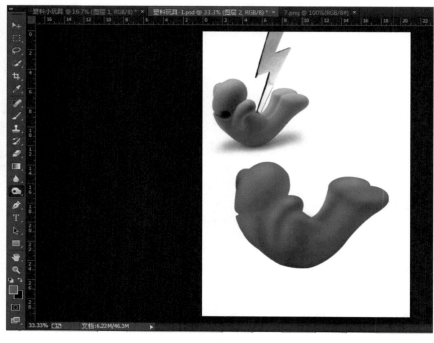

图　4-140

Step10：由于小玩具的高光部位更亮一些，因此需要另建图层，用于制作高光的部分。在图层面板中创建新图层，再使用【钢笔工具】画出其他高光的部分，如图 4-141 所示。

Step11：将前景色改为"白色"，在路径面板中单击【用前景色填充路径】。由于塑料材质表面有些粗糙，没有强烈的高光和明暗交界线，因此高光边缘是虚化的，需要进行高斯模糊处理。选择菜单栏中的【滤镜】→【模糊】→【高斯模糊】，根据预览效果调整数值，如图 4-142 至图 4-144 所示。

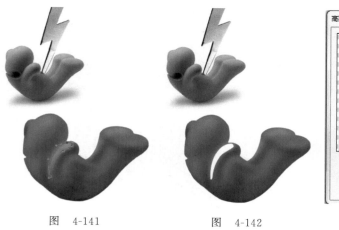

图　4-141　　　　　图　4-142

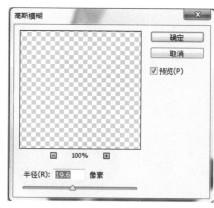

图　4-143

Step12：由于高光的部位过于亮，可以降低整个图层的【不透明度】，让高光层可以透出下面玩具的固有色，并降低亮度，很好的和小玩具自然融合，如图4-145所示。

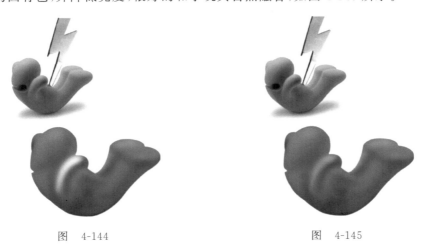

图　4-144　　　　　　　　　　　　图　4-145

Step13：使用工具栏箱中的【橡皮擦工具】，将高光向暗部过渡的地方擦除（降低橡皮擦工具的不透明度数值），让高光到暗部过渡看起来更自然，如图4-146和图4-147所示。

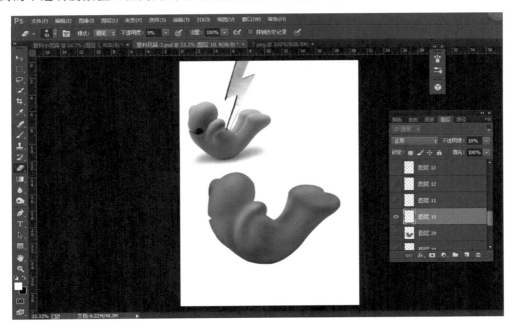

图　4-146

图　4-147

Step14：使用同样的方法，利用【创建新图层】将小玩具高光和暗部也制作出来，如图4-148所示。

Step15：嘴部的制作。在图层面板中创建新图层，并参照小玩具的图片，使用【钢笔工具】画出嘴部的区域，如图 4-149 所示。

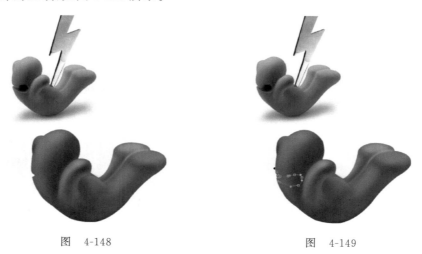

图 4-148 图 4-149

Step16：将前景色调整为"灰色"，在路径面板中单击【用前景色填充路径】按钮，如图 4-150 至图 4-153 所示。

图 4-150 图 4-151

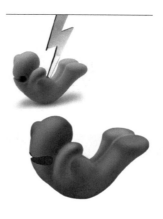

图 4-152 图 4-153

Step17：复制一层填充嘴部颜色的图层，用于制作嘴部到脸部转折处的高光线。按住【鼠标左键】拖动要复制的嘴部图层至图层面板的新建图层图标上，再单击嘴部图层，然后按【Ctrl＋Alt＋鼠标左键】拖动，在图层面板中出现了嘴部图层的副本，如图 4-154 所示。

Step18：调出嘴部图层的选区，按住【Ctrl＋鼠标左键】单击嘴部图层。将前景色改为"白色"，按【Alt＋Delete】键，填充前景色，如图 4-155 所示。

图　4-154　　　　　　　　　　　图　4-155

Step19：由于嘴部白色被嘴部副本图层遮盖，因此无法显示白色。单击嘴部图层，再进行【滤镜】→【模糊】→【高斯模糊】处理，用与制作嘴部到脸部转折的高光线，如图 4-156 所示。

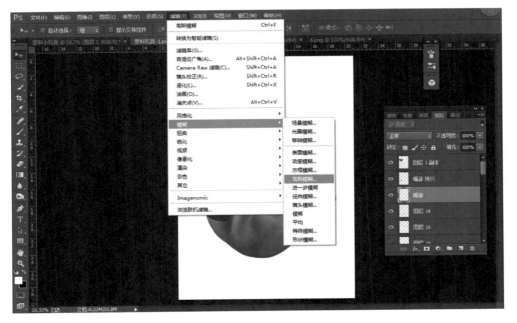

图　4-156

Step20：由于塑料材质转折处是圆润的，因此将嘴部图层边缘虚化一下会更自然。单击嘴部图层，进行【滤镜】→【模糊】→【高斯模糊】处理，如图 4-157 所示。

Step21：制作细节。在图层面板中创建新图层，做出最亮部反光和暗部的区域，并进行【高斯模糊】处理，让反光和暗部自然过渡，如图 4-158 所示。

Step22：在图层面板的底层下面创建新图，用于制作小玩具的阴影效果。使用【钢笔工具】画出阴影的区域，再进行【滤镜】→【模糊】→【高斯模糊】处理，如图 4-159 和图 4-160 所示。

图 4-157

图 4-158

图 4-159

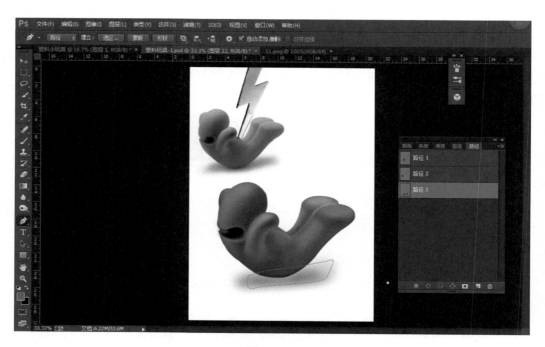

图 4-160

Step23：在小玩具与地面接触的地方，阴影的部分要更暗一些，因此可以使用【钢笔工具】再制作一层小区域更暗的部位，再进行【滤镜】→【模糊】→【高斯模糊】处理，如图 4-161 所示。至此，塑料玩具效果制作完成，如图 4-162 所示。

图　4-161

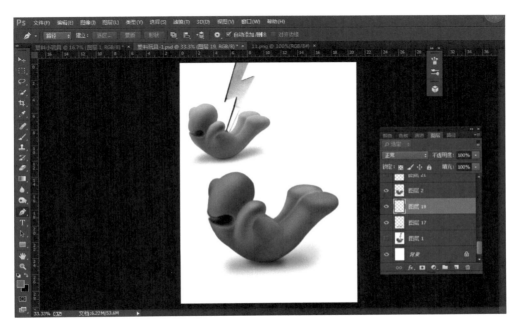

图　4-162

4.5　光滑材质—陶瓷产品效果图表现

下面以图 4-163 所示陶瓷产品效果图为例讲解光滑材质的设计过程。

Step1：新建文档，如图 4-164 所示。

Step2：建立工作画面，如图 4-165 所示。

Step3：选择菜单栏中的【文件】→【打开】，找到要参考的陶瓷胶带器的照片并确认，如图 4-166 所示。

Step4：使用【移动工具】和【鼠标左键】将胶带器照片拖入到工作画面当中，如图 4-167 所示。

Step5：关闭参考图片，回到工作画面。由于照片和新建文档的分辨率不同，拖入的照片会偏小，因此，进行

图　4-163

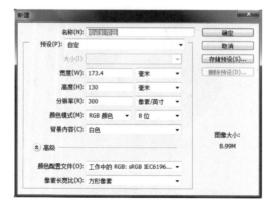

图　4-164

图　4-165

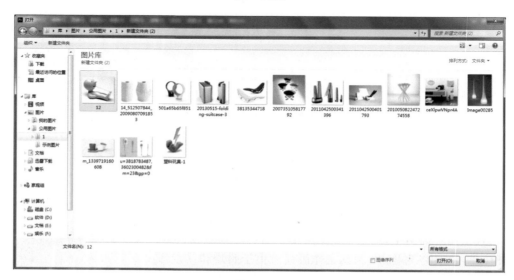

图　4-166

等比例缩放。此时可以选择菜单栏【编辑】→【变换】→【缩放】或按快捷键【Ctrl＋T】,如图 4-168 所示。

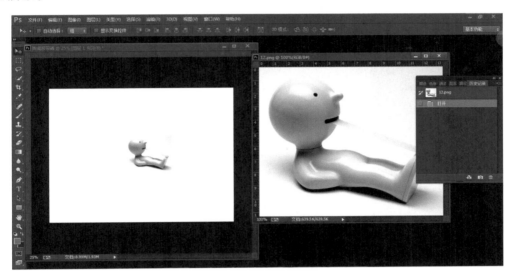

图　4-167

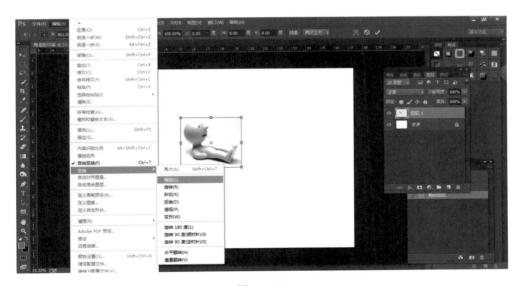

图　4-168

Step6:按【Shift＋鼠标左键】拖动照片顶角上的控制点,等比例放大照片到合适的尺寸,如图 4-169 所示。

Step7:在图层面板中单击【创建新图层】,再单击【椭圆选框工具】,然后按【Shift＋鼠标左键】拖动鼠标画出小瓷人头部的正圆形区域,如图 4-170 所示。

Step8:调整前景色为小瓷人的固有色,如图 4-171 和图 4-172 所示。

Step9:使用【加深工具】和【减淡工具】将头部亮部和暗部画出,让头部圆球状立体感体现出来,如图 4-173 和图 4-174 所示。

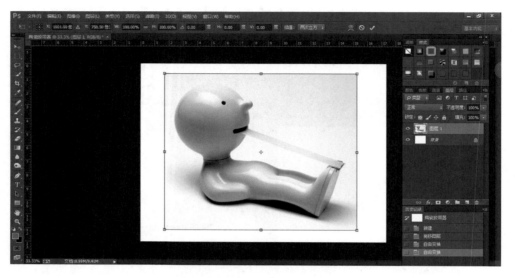

图　4-169

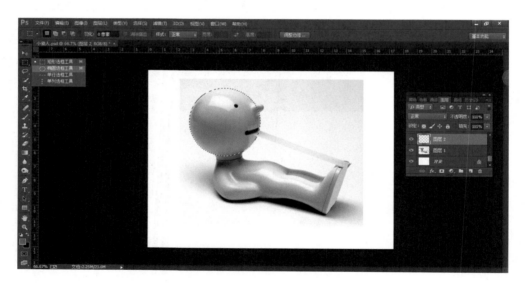

图　4-170

图　4-171

图　4-172

Step10：创建新图层，制作头部高光、反光和反射环境的色彩。使用【钢笔工具】画出高光区域和反光区域，如图 4-175、图 4-176 所示。

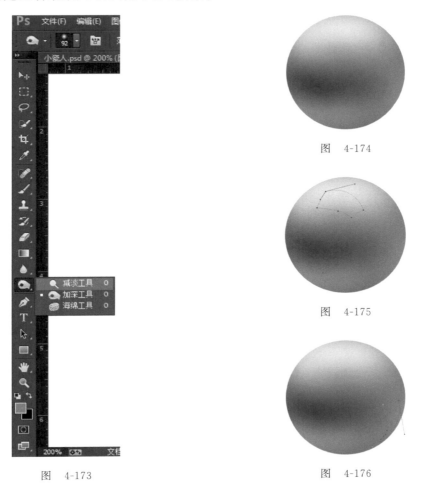

图　4-174

图　4-175

图　4-173

图　4-176

Step11：在路径面板中，选择【用前景色填充路径】按钮，填充"白色"制作高光，如图 4-177 所示。

Step12：降低高光图层的【不透明度】，让高光更自然，透出陶瓷的固有色，如图 4-178 所示。

图　4-177

图　4-178

Step13：在图层面板中创建新图层，使用【钢笔工具】画出反射环境光的区域，如图 4-179 所示。

Step14：调整前景色，在路径面板中，选择【用前景色填充路径】按钮，填充反射环境颜色，如图 4-180 所示。

图　4-179　　　　　　　　　　图　4-180

Step15：降低反射环境颜色图层【不透明度】，使用【橡皮擦工具】将多余的部位擦除。小瓷人头部陶瓷球体制作完毕，如图 4-181 所示。

Step16：为了便于图层的管理，在图层面板中单击【创建新组】按钮，双击新建组更名为"头部"，将所有头部的图层都拖入到头部组中，如图 4-182 所示。

图　4-181　　　　　　　　　　图　4-182

Step17：在图层面板中创建新图层，并使用【钢笔工具】将小瓷人的鼻子区域画出来，并填充颜色，如图 4-183 所示。

Step18：使用工具箱中的【加深工具】和【减淡工具】，将鼻子的暗部和亮部画出，使鼻子的立体感更强烈，如图 4-184 所示。

图　4-183　　　　　　　　　　图　4-184

Step19：使用【钢笔工具】将高光和反光的区域画出，填充"白色"，并降低【不透明度】，使高光和反光透出底色，更自然，如图 4-185 所示。

Step20：为了使鼻子与头部接触的地方融合，使用【橡皮擦工具】将鼻子与头部的边界擦除，虚化，如图 4-186 所示。

图　4-185

图　4-186

Step21：使用【钢笔工具】画出鼻子与头部接触的地方暗部和亮部的区域，并填充颜色，然后进行【高斯模糊】处理，使其过渡更自然，如图 4-187 和图 4-188 所示。

图　4-187

图　4-188

Step22：在图层面板中单击【创建新组】按钮，再双击新建的组更名为"鼻子"，将所有制作鼻子的图层拖入到组中，如图 4-189 所示。

Step23：单击图层面板中参考照片图层前的小眼睛，将参考图显示出来，如图 4-190 所示。

图　4-189

图　4-190

Step24：在图层面板中创建新图层，使用【钢笔工具】将身体的区域画出，并填充路径，如图 4-191 至图 4-193 所示。

图 4-191

图 4-192

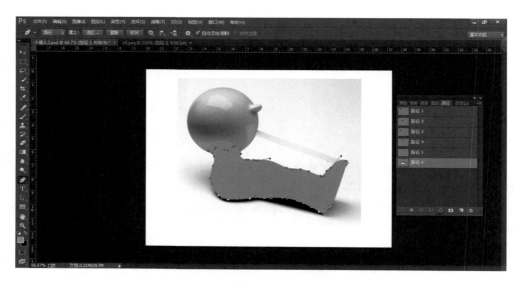

图 4-193

Step25：使用【加深工具】和【减淡工具】，根据身体结构对身体图层进行加深和减淡，画出身体的立体效果，如图 4-194 所示。

Step26：使用【钢笔工具】画出需要提亮和加暗的区域，填充颜色，如图 4-195 所示。

图 4-194

图 4-195

Step27：在图层面板中创建新图层，使用【钢笔工具】画出高光的区域，填充"白色"，如图 4-196 所示。

Step28：为了让高光显得更自然，需要透出小瓷人的固有色，降低高光层的【不透明度】，如图 4-197 所示。

图　4-196　　　　　　　　　　　图　4-197

Step29：在图层面板中单击【创建新组】，更名为"身体"，将所有身体图层拖入到"身体"组中，如图 4-198 所示。

Step30：单击所有组前的小眼睛，将所有组的图像都隐藏，只显示参考照片，用于作为脚底部及小瓷人眼睛和嘴部制作的参考。在图层面板中创建新图层，并使用【钢笔工具】将脚底的区域画出，并填充路径，如图 4-199 所示。

图　4-198　　　　　　　　　　　图　4-199

Step31：使用【钢笔工具】画出鞋子底部的暗部和亮部的区域，如图 4-200 所示。

（32）在图层面板中创建新图层，使用【钢笔工具】将小瓷人鞋的厚度画出来，并填充颜色。再利用【加深工具】和【减淡工具】表现明暗效果，画出高光部分，如图 4-201 和图 4-202 所示。

Step33：鞋的厚度细节制作。在图层面板中创建新图层，参照小瓷人的图片使用【钢笔工具】画出"分模线"细节，并填充颜色，如图 4-203 所示。

图 4-200

图 4-201

图 4-202

图 4-203

Step34：复制【分模线】图层，用于制作"分模线"处的高光线。按快捷键【Ctrl＋J】复制图层，如图 4-204 所示。

Step35：调出复制图层的选区。按【Ctrl＋鼠标左键】再单击"分模线"复制图层；将前景色调整为"白色"，按快捷键【Alt＋Delete】，填充前景色，如图 4-205 所示。

Step36：由于"分模线"复制图层填充白色后被分模线图层遮挡，无法显示白色高光线。要想显示出高光线，就要进行高速模糊，使白色线向外扩散，从黑色"分模线"边缘散出，做出高光效果，可以进行【滤镜】→【模糊】→【高斯模糊】处理，如图 4-206 所示。

图 4-204

图 4-205

图 4-206

Step37：利用相同的方法做出脖子、眼睛、嘴巴的细节图，如图 4-207 至图 4-210 所示。

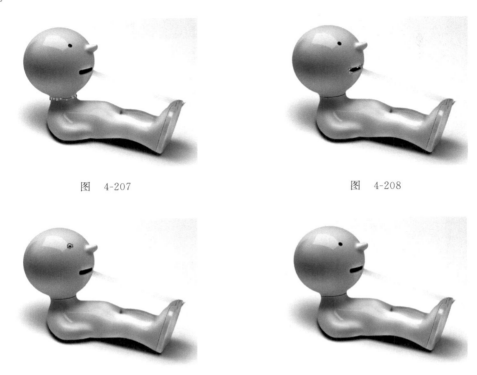

图　4-207　　　　　　　　　　　　　图　4-208

图　4-209　　　　　　　　　　　　　图　4-210

Step38：制作小瓷人的阴影，在图层面板中创建新图层，将参考图片隐藏，如图 4-211 所示。

Step39：使用【钢笔工具】或【选区工具】画出阴影范围，填充"灰色"。由于阴影范围边缘是模糊化的，因此要进行高斯模糊处理，即选择菜单栏的【滤镜】→【模糊】→【高斯模糊】，如图 4-212 和图 4-213 所示。

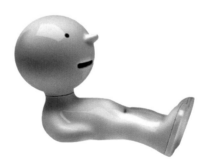

图　4-211　　　　　　　　　　　　图　4-212

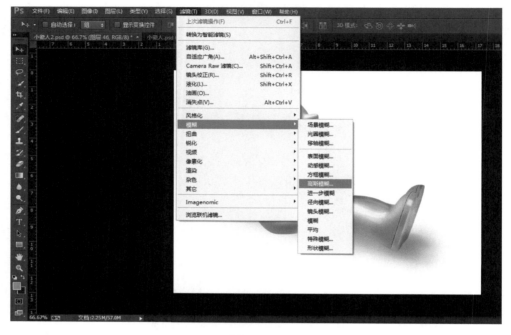

图　4-213

Step40：采用相同方法，使用【钢笔工具】或【选区工具】画出深色阴影范围，填充"深灰色"。再选择菜单栏中的【滤镜】→【模糊】→【高斯模糊】，如图 4-214所示。

Step41：制作画面背景。使用【渐变工具】，调整【渐变编辑器】颜色过渡为"灰色"到"白色"。按【鼠标左键】从右上角向左下角拖动鼠标，如图 4-215 至图 4-216所示。陶瓷材质产品制作完成，如图 4-117 所示。

图　4-214

图　4-215

图　4-216

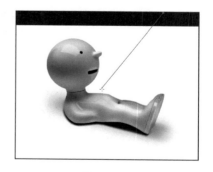

图　4-217

4.6　本章小结

　　本章通过对五种材质小产品的详细讲解,让用户深入了解到各种材质的特点和表现方法,并且在各个产品的制作过程中如何去理解形态与光影之间的关系等。

4.7　课后习题

　　根据本章讲解内容,参照图 4-218 所示的一些小产品进行练习,在练习的过程中要掌握不同材质的表现方法,形态与光影之间的关系。

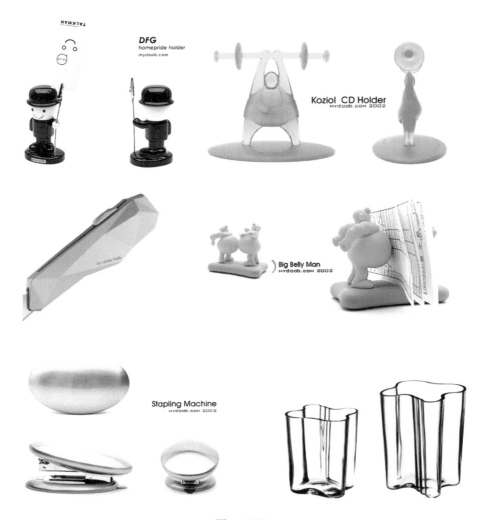

图　4-218

第5章
电热水壶设计综合实例

5.1　电热水壶的设计流程

　　目前,市场上的电热水壶的种类很多,有单纯加热热水的,也有带有附加功能的;有外观时尚大气的,也有简洁实用的。因此,我们在进行电热水壶的设计时,就要找好市场的定位。通过跟客户的不断沟通,了解客户所要针对的消费人群是高端消费者(需要高端、大气、上档次)、中端消费者(外形美观新颖,具有时尚感),还是低端消费者(追求物美价廉,不太注重外观,而注重其功能性),以及客户所能达到的生产工艺等,再进行设计,以免偏离了客户的需求,造成客户满意度的降低,如图 5-1 所示。

图　5-1

5.2　设计草图表现

　　前期调研之后,就有了针对的设计对象,此时可以开始进行设计草图的绘制了。设计草图,不需要画得过于逼真,它只是用于记录我们设计想法的一种方式以及跟客户交流方案的过程;因此,只要草图方案能够展现其形态、材质和局部细节就可以,如图 5-2 所示。

图　　5-2

5.3　电热水壶效果图表现

下面我们就以一款国内已经上市的金属与塑料混合材质的
电热水壶(见图 5-3)为例来进行效果图制作。

Step1：选择工具箱中的【钢笔工具】,画出电热水壶的外轮廓
和全部结构,在路径面板中会保存所画的电热水壶的路径,如图
5-4 所示。

Step2：在图层面板中创建新图层,新建多个图层。在路径面
板中,调出每一个结构的路径轮廓线,将电热水壶的各个部分分
别填充相应的颜色,再分别保存在不同的层当中,以方便后期修
改,如图 5-5 所示。

图　　5-3

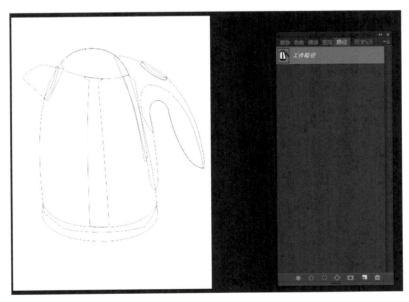

图　　5-4

Step3：在图层面板中创建新组，分别更名新组为"壶体"、"把手"、"按钮"、"底座"，然后将各个部分的图层都拖入到相应的组当中。这样的分组放置，有利于防止后期由于图层过多，造成图层查找不方便，如图5-6所示。

图 5-5

图 5-6

Step4：开始制作细节。在壶体组中创建新图层，使用【钢笔工具】画出壶体暗部的区域，填充"灰色"，如图5-7所示。

Step5：由于壶体暗部区域到亮部区域是一个由深到浅的过渡过程，因此选择填充"灰色"暗部颜色的图层后，可选择菜单栏中的【滤镜】→【模糊】→【高斯模糊】，使暗部区域模糊化，产生过渡的效果，如图5-8和图5-9所示。

图 5-7

图 5-8

Step6：按【Ctrl＋鼠标左键】单击壶体外轮廓图层，调出壶体外轮廓选区，在菜单栏中执行【选择】→【反选】或按快捷键【Ctrl＋Shift＋I】，再按【Delete】键删除壶体外部不需要的部分，如图5-10和图5-11所示。

图　5-9

图　5-10

Step7：用同样的方法，在图层面板中创建新图层，将壶体的其他暗部区域部分全部制作出来，如图 5-12 所示。

图　5-11

图　5-12

Step8：在壶体组中创建新图层，再使用【钢笔工具】画出壶体明暗交界线的区域，填充路径颜色为"黑色"，如图 5-13 和图 5-14 所示。

图　5-13

图　5-14

Step9：使用同样方法，将壶体其他明暗交界线的地方画出，如图 5-15 所示。

Step10：在图层面板中创建新图层，并制作壶嘴部的细节。在壶嘴出水口位置，使用【钢笔工具】画出内凹圆柱的反光；然后进行【滤镜】→【模糊】→【高斯模糊】处理，使其过度更自然,如图 5-16 所示。

图 5-15

图 5-16

Step11:制作反射环境光。使用【钢笔工具】画出金属壶体上的环境光区域,填充环境光的颜色;选择【滤镜】→【模糊】→【高斯模糊】,适当地调节图层的不透明度,使反射光更自然。使用【橡皮擦工具】擦除需要减弱的位置,如图 5-17 和图 5-18 所示。

图 5-17

图 5-18

Step12:使用【钢笔工具】画出壶盖与壶体之间的分模线,选择【用画笔描边路径】做出分模线及分模线的高光线,如图 5-19 和图 5-20 所示。

图 5-19

图 5-20

Step13:使用【钢笔工具】画出热水壶把手下方的金属件,并填充颜色,如图 5-21 所示。

Step14:由于此金属件在把手之下,因此在金属件上画出反射把手的影像、环境光、高光等时需要更仔细地制作细节,如图 5-22 和图 5-23 所示。

Step15:制作热水壶把手下凹的部分。迎光面是水壶"亮部"渐渐向背光面"暗部"的过渡。使用【钢笔工具】画出亮部区域并填充"白色",选择工具箱中的【橡皮擦工具】在亮部区域过渡到暗部区域之间进行擦除,使其过渡更自然;降低图层的【不透明度】,让白色区域透出底部塑料把手的固有色,如图 5-24 和图 5-25 所示。

图　5-21　　　　　　　　图　5-22　　　　　　　　图　5-23

Step16：使用同样的方法，制作热水壶把手的上凸部分，如图 5-26 所示。

图　5-24　　　　　　　　图　5-25　　　　　　　　图　5-26

Step17：使用【钢笔工具】画出开关按钮各个细节部分，并填充颜色。制作的方法与壶体的制作相同，注意细节的处理，如图 5-27 和图 5-28 所示。

Step18：热水壶底的制作。壶底的材质与把手的材质相同，虽然是黑色哑光塑料材质，但在环境光的影响下，也会有明暗区域，这样壶底的圆柱形才能显得更立体。使用【钢笔工具】画出亮部区域，并填充"白色"；再选择【橡皮擦工具】对亮部区域到暗部区域之间的过渡进行擦除。由于塑料哑光材质亮部区域不会产生明显的边缘，需要进行【滤镜】→【模糊】→【高斯模糊】处理，并降低图层【不透明度】，以使其更好地与材质融合，如图 5-29 和图 5-30 所示。

图　5-27　　　　　　　　图　5-28　　　　　　　　图　5-29

Step19：由于壶底部与金属壶体之间存在一个楞，因此要做出这个楞的高光线。使用【钢笔工具】画出高光线，选择【用画笔描边路径】，再进行【滤镜】→【模糊】→【高斯模糊】处理，如图 5-31 所示。最后整体电热水壶的效果图就制作完成了，如图 5-32 所示。

图　5-30　　　　　　　　　图　5-31　　　　　　　　　图　5-32

5.4　电热水壶提案展示

提案展示用于将最终确定方案的效果展示给客户。在电热水壶的展示中，应采用简洁干净的版面作为电热水壶的展示背景。通过将使用方式、局部细节作为整个版面的辅助装饰，使整个版面给人的感觉是干净、整洁，呈现一种适合电热水壶使用的氛围，如图 5-33 和图 5-34 所示。

图　5-33

图　5-34

5.5　本章小结

电热水壶制作关键步骤：①使用【钢笔工具】勾画电热水壶的各个部分轮廓线，注意路径曲线的平滑性。②从【路径面板】中分别调出电热水壶各部分的路径进行固有色的填充。③电热水壶质感的制作，要考虑对光线的方向以及明暗关系的把控。④最后对电热水壶局部细节的刻画应使水壶的真实感更强烈，如图5-35所示。

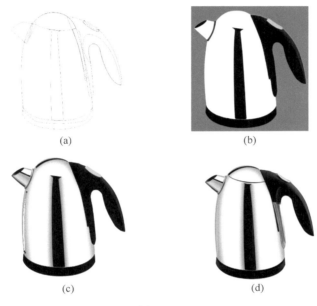

图　5-35

本章通过对电热水壶设计前期跟客户沟通的必要性，消费人群的定位到草图的绘制进行介绍，以电热水壶的实际制作案例将金属与塑料混合材质的制作过程深入讲解，以及汇报方案表现形式的介绍，使用户在今后进行设计时，不再手足无措。

5.6　经验介绍

在产品外观设计的过程中，往往一些学生无从下手。很多人都认为现在市面上的电热水壶已经很多，造型丰富，没有可创新发挥的空间，这使他们在设计的过程中很苦恼没有想法。其实，我们的思维往往被现有产品外观因素限定住了。例如，如果让学生在50分钟内设计30把椅子，很少有学生能够完成，并且设计的椅子绝大多数都跟我们日常的椅子很相似。这是因为我们被"椅子"这个词限定了思维，就如同当说"大象"时，你不会想到"蚂蚁"一样。所以，要突破这种限定思维模式。怎么突破呢？如果将"椅子"这个词改为椅子的原始功能词"一种坐的方式"，那么"椅子"的限定思维就可以突破了。能够满足坐的方式很多，"席地而坐""坐在树枝上""坐在纸盒上"都可以叫作"坐的方式"，那么这时椅子的造型就会更加丰富多变，如图5-36所示。

图　5-36

5.7　课后习题

　　根据本章所讲内容,完成如图 5-37 所示的产品图片制作效果图,要求达到材质表达清楚,光影与形体的关系合理,外观形态准确。

图　5-37

第6章
榨汁机设计综合实例

6.1 榨汁机的设计流程

榨汁机由于其不受体积的限制,因此,市场上的榨汁机形态各异,样式及功能繁多。从功能上分为单一榨汁型、多种榨汁型。从使用方式分为手动型、机械型、电动型。因此,设计一款榨汁机,需要根据客户的要求进行,以免偏离要求。对于不受体积限制的单一型榨汁机,应该注重形态的美观,使用的趣味性。对于机械型榨汁机,不仅要求形态美观,更要适合现代家居生活。对于电动型榨汁机,则应更注重其更多的附加功能以及外观的稳重大方。示例如图6-1所示。

图　6-1

6.2　设计草图表现

　　经过前期的市场调研和与客户的沟通之后,定位好榨汁机设计所要求的类型,再进行设计草图方案的绘制,如图 6-2 所示。

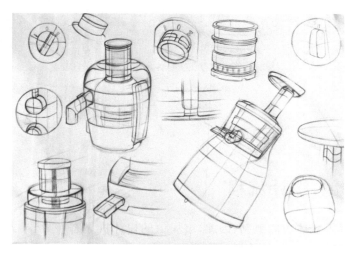

图　　6-2

6.3　榨汁机效果图表现

　　下面以图 6-3 所示的榨汁机效果图为例介绍其设计过程。

　　Step1:新建文档,选择菜单栏中【文件】→【新建...】或按快捷键【Ctrl＋N】。在打开的对话框中设置文档文件名称、画面大小、分辨率以及色彩模式等,如图 6-4 所示。单击【确定】按钮后,建立工作画面,如图 6-5 所示。

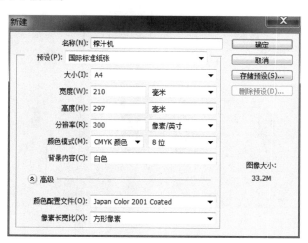

图　　6-3　　　　　　　　　　　　　　　图　　6-4

图　6-5

　　Step2：使用【钢笔工具】画出榨汁机和杯子的轮廓线，并在路径面板中保存路径，用于以后颜色的填充，如图 6-6 所示。

　　Step3：使用【钢笔工具】，按住【Ctrl＋鼠标左键】点选需要填充颜色的路径，让榨汁机的形态展示出来，如图 6-7 和图 6-8 所示。

图　6-6　　　　　　　　　　图　6-7　　　　　　　　　　图　6-8

　　Step4：使用【钢笔工具】画出榨汁机上方圆柱的高光区域并填充"白色"。由于高光区域的边缘没有那么清晰，因此选择【滤镜】→【模糊】→【高斯模糊】处理，使高光更柔和，如图6-9 和图 6-10 所示。

　　Step5：使用【钢笔工具】画出高光细节的部分，并进行【高斯模糊】处理，如图 6-11 和图 6-12 所示。

图　6-9　　　　　　　　　　　　图　6-10

图　6-11　　　　　　　　　　　　图　6-12

Step6：选择榨汁机上半部分中塑料透明材质的路径，填充"白色"，用于区分榨汁机的各个部分。在榨汁机轮廓线路径中选择中间部位的高光区域路径，填充"白色"，选择【滤镜】→【模糊】→【高斯模糊】处理，使高光更柔和。使用【橡皮擦工具】擦出高光区的明暗变化，并降低【不透明度】使其更自然，如图 6-13 和图 6-14 所示。

图　6-13　　　　　　　　　　　　图　6-14

Step7：使用【钢笔工具】做出分模线，单击路径面板中【用画笔描边路径】按钮，描边路径为"黑色"线。创建新图层，继续描边路径为"白色"并进行【高斯模糊】处理；向上移动"白色"线，用于作为分模线的"高光线"，如图 6-15 和图 6-16 所示。

Step8：使用【钢笔工具】画出榨汁机榨汁空间透明部分的光影变化细节。由于是透明材质，在转折处边缘正面看过去会显得增厚，颜色会加深；因此，填充转折处边缘为"灰色"，如图 6-17 和图 6-18 所示。

图　6-15　　　　　　　　　　　　　　　　图　6-16

图　6-17　　　　　　　　　　　　　　　　图　6-18

Step9：由于转折处边缘暗部中也有颜色深浅的变化，所以用【钢笔工具】画出细节区域并填充"深灰色"；然后进行【高斯模糊】处理，使暗部颜色之间融合得更自然。同样，做出右边一侧转折边缘，如图 6-19 和图 6-20 所示。

图　6-19　　　　　　　　　　　　　　　　图　6-20

Step10：制作透明材质与上部圆柱体连接的效果。由于转折的边缘处的颜色也会变深，因此，填充为"深灰色"，并进行【高斯模糊】处理，注意细节变化，如图 6-21 所示。

Step11：使用【钢笔工具】画出透明材质内部的金属材质部分。在路径面板中单击【将路径转化为选区】按钮，将路径转化为选区并填充金属固有色"灰色"，如图 6-22 所示。

图 6-21　　　　　　　　　　　　图 6-22

Step12：使用【钢笔工具】画出并填充金属的明暗交界线的颜色变化，做【高斯模糊】处理，使其融合得更自然，如图 6-23 和图 6-24 所示。

图 6-23　　　　　　　　　　　　图 6-24

Step13：做出金属材质其他转折处明暗颜色的变化。由于金属材质在透明塑料材质内部，因此明暗交界线的边缘会比平时金属材质的表现显得更模糊一些；所以，在进行【高斯模糊】处理时模糊的"半径数值"要调得更大一些，如图 6-25 所示。

Step14：使用【钢笔工具】画出金属材质的分模线。按住【Shift＋鼠标左键】画出一条水平路径。在选择路径面板中单击【用画笔描边路径】按钮，画出一条以前景色为颜色的直线。选择菜单栏中的【滤镜】→【模糊】→【高斯模糊】，处理时根据需要调节数值，如图 6-26 和图 6-27 所示。

图 6-25　　　　　图 6-26　　　　　图 6-27

Step15：使用【钢笔工具】画出塑料材质内部底面区域并填充"灰色"，进行【高斯模糊】处理，做出细节明暗的变化，如图 6-28 和图 6-29 所示。

图　6-28

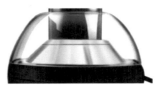

图　6-29

Step16：按住【Ctrl＋鼠标左键】再单击榨汁机提手图层，调出提手选区，填充"灰色"。选择工具箱中的【加深工具】和【减淡工具】画出提手的明暗变化，如图 6-30 和图 6-31 所示。

图　6-30

图　6-31

Step17：使用【钢笔工具】画出在塑料材质背面的提手部分，填充"浅灰色"；选择【加深工具】和【减淡工具】做出明暗变化。因为提手在塑料材质背面，比前面的提手更模糊，因此要进行【高斯模糊】处理，如图 6-32 和图 6-33 所示。

图　6-32

图　6-33

Step18：使用【钢笔工具】画出榨汁机下半部分金属拉丝的区域，填充"灰色"。选择菜单栏中的【滤镜】→【杂色】→【添加杂色】，根据需要调节数值。选择【滤镜】→【模糊】→【动感模糊】，调节角度为"0"度；根据需要调剂"距离"数值，如图 6-34 和图 6-35 所示。

图　6-34

图　6-35

Step19：动感模糊处理后材质的边缘会变得虚化，因此要将其拉伸，截取其中的一部分作为拉丝效果。按快捷键【Ctrl＋T】，再单击左右两侧中间位置的控制点"水平拉伸"；在路径面板中单击榨汁机下半部分路径图层调出选区，按快捷键【Ctrl＋Shift＋I】进行反选，删除不需要的部分，如图 6-36 和图 6-37 所示。

图　6-36

图　6-37

Step20：使用【钢笔工具】画出金属拉丝材质的高光区域，填充"白色"。选择菜单栏中的【滤镜】→【模糊】→【高斯模糊】，使高光更柔和，如图 6-38 和图 6-39 所示。

图　6-38

图　6-39

Step21：使用【钢笔工具】画出金属拉丝材质边缘处转折处暗部区域。在路径面板中单击【将路径作为选区载入】按钮，将路径转化为选区。选择工具箱中的【渐变工具】，调整过渡色为"黑色"过渡到"透明"，在两个选区中分别水平拉出渐变效果，如图 6-40 和图 6-41所示。

图　6-40

图　6-41

Step22：将"黑色"过渡处进行【高斯模糊】处理，使其更好地与材质融合，如图 6-42 和图 6-43 所示。

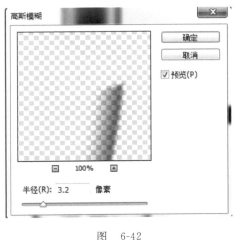

图　6-42

图　6-43

Step23：做出榨汁机底座的明暗变化，如图 6-44 所示。

Step24：制作榨汁机电源插头部分。选择工具箱中的【圆角矩形工具】，画出电源插头形状，做出边缘的金属质感，如图 6-45 至图 6-47 所示。

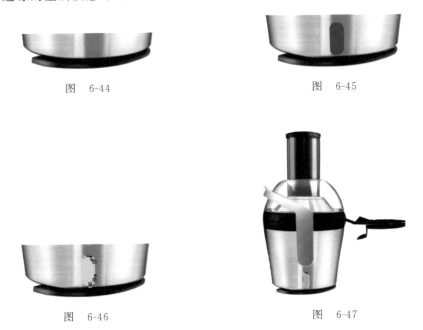

图　6-44

图　6-45

图　6-46

图　6-47

Step25：做出电源插头内部的接触点。在图层面板中创建新图层，按【Shift＋鼠标左键】画出正圆选区，填充为"灰色"。使用【加深工具】和【减淡工具】画出圆球的明暗关系，做出立体效果。按【Ctrl＋J】键，复制多个球体，排列放置于电源插头内部，如图 6-48 至图 6-50 所示。

图 6-48

图 6-49

Step26：制作电源插头上方的三个圆孔。画出圆形选区，填充为"黑色"，并进行【滤镜】→【模糊】→【高斯模糊】处理，如图 6-51 所示。

图 6-50

图 6-51

Step27：使用前面讲过的方法，画出榨汁机侧面的金属件，如图 6-52 和图 6-53 所示。

图 6-52

图 6-53

Step28：制作榨汁机出汁口。使用【钢笔工具】画出出汁口轮廓线，填充金属固有色"浅灰色"。由于其出汁口呈圆柱形，因此需要画出圆柱的明暗变化细节。注意出汁口是伸向杯中的，其被杯盖遮挡的部位需要添加阴影，如图 6-54 至图 6-56 所示。

图 6-54

图 6-55

图 6-56

Step29：使用【钢笔工具】画出杯盖上凸起的高光区域，填充为"白色"。选择【滤镜】→【模糊】→【高斯模糊】，降低【不透明度】，使高光融合得更自然，如图 6-57 和图 6-58 所示。

图　6-57

图　6-58

Step30：制作杯盖部分。选择工具箱中的【加深工具】和【减淡工具】画出杯盖顶面的明暗变化。由于杯盖的侧边比较光滑，所以反射的高光及环境光都比较清晰；因此在进行【高斯模糊】处理时，数值要调得小一些。画出杯盖侧边的高光变化区域，填充"白色"，降低【不透明度】，再进行【滤镜】→【模糊】→【高斯模糊】，如图 6-59 和图 6-60 所示。

图　6-59

图　6-60

Step31：在路径面板中调出杯子的路径，再根据前面讲解的榨汁机透明塑料件的画法，画出杯子的效果，如图 6-61 和图 6-62 所示。

图　6-61

图　6-62

Step32：在图层面板中单击【背景图层】前的小眼睛，将【背景图层】隐藏。创建新图层，再按快捷键【Ctrl＋Alt＋Shift＋E】对所显示的榨汁机进行快照，用来制作榨汁机的倒影，如图 6-63 和图 6-64 所示。

Step33：单击【背景图层】前的小眼睛，将【背景图层】显示。降低【倒影图层】的【不透明度】。使用【橡皮擦工具】，将离榨汁机距离远的地方擦除，产生倒影渐变消失的效果。榨汁机制作完成，如图 6-65 所示。

图 6-63   图 6-64   图 6-65

6.4 榨汁机提案展示

对于榨汁机的提案展示，由于其设计形态的灵活性以及使用的趣味性，展示的版面应该气氛更加活泼；增加一些使用场景的效果图，会使设计更能增加其产品的魅力。气氛的渲染也是产品提案展示过程中的一部分，能够让客户身临其境地感觉到榨汁机使用时的乐趣和享受，如图 6-66 和图 6-67 所示。

图 6-66   图 6-67

6.5　本章小结

　　榨汁机制作关键步骤：①使用【钢笔工具】勾画榨汁机各部件轮廓线,注意路径曲线的平滑性以及各部件的路径应分别在【路径面板】中存储。②从【路径面板】中分别调出榨汁机不同部件的路径,进行固有色填充,透明玻璃部分应降低图层的【不透明度】。③榨汁机质感的制作,要考虑对光线的方向以及明暗关系的把控。④最后榨汁机局部细节的刻画应能够使榨汁机的真实感更强烈,而倒影的制作能使画面有空间感。关键步骤如图 6-68 所示。

(a)　　　　　　　　　　　　(b)

(c)　　　　　　　　　　　　(d)

图　6-68

　　本章通过对榨汁机进行分类分析,找到了榨汁机设计的切入点,通过与客户沟通了解,针对客户所需要的类型进行设计。每一种类型榨汁机对于形态结构等要求不同,因此,前期的设计定位很重要。通过对于透明塑料、塑料和金属拉丝混合材质的榨汁机进行实例效果图讲解,可让用户深入了解各种材料的特点和表现方法。

6.6　经验介绍

　　在产品外观形态设计完之后,产品的配色往往使同学很苦恼,不知道如何搭配颜色才能使所设计的产品看起来更协调、好看,怎么尝试也达不到效果。这里介绍一种方式,就是"借鉴学习"。例如我们可以从自然风景、漂亮的花草中学习颜色的搭配;从电影当中学习颜色的搭配;还能从已有的设计优秀的产品中学习颜色的搭配。总之,在日常的生活中,要学会建立色彩搭配的配色库,将以往我们看到的生活中的颜色搭配建成一个配色库,以便为以后的产品设计配色提供参考,如图 6-69 所示。

图　6-69

6.7　课后习题

根据本章所讲内容完成如图 6-70 和图 6-71 所示的产品图片制作效果图。注意透明材质效果的表达，在转折处透明材质的颜色变化，以及在透明材质内部的其他材质的表现效果。

图　6-70

图　6-71

第7章
手机设计综合实例

7.1　手机的设计流程

　　手机设计首先要定位好是商务机型、时尚机型,还是智能机型。作为设计师要与客户进行项目对接,保持良好的沟通。确定机型和客户要求后,要针对这一机型的使用人群进行分析,例如设计高端商务型的手机,这种机型的适合人群为精英,拥有良好社会地位,具有低调内敛、追求品牌、睿智、尊贵体验等特征,再在此基础上进行手机的设计定位。通过色彩、材质、加工工艺的调研,寻找能够体现高端商务手机特征的信息(如形态、材质、色彩、加工工艺、细节等),为手机的设计提供参考,如图7-1所示。

图　7-1

7.2　设计草图表现

　　手机的设计,需要结合多种要素,从中寻找灵感。可以将其他产品的设计元素进行提取,运用到手机设计当中。要不断地推敲手机设计的形态,并与结构设计师进行沟通,修改外观,以免设计后期无法进行生产,如图7-2所示。

图　7-2

7.3　索爱手机效果图表现

　　下面以图 7-3 所示的索爱手机效果图为例讲解手机的设计过程。

　　Step1：新建文档。选择菜单栏中的【文件】→【新建…】或按快捷键【Ctrl＋N】，在打开的对话框中设置文档文件名称、画面大小、分辨率以及色彩模式等，如图 7-4 所示。

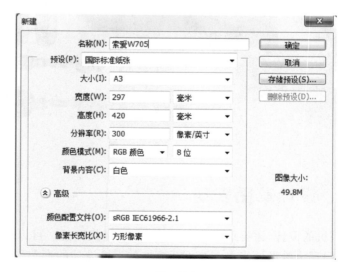

图　7-3

图　7-4

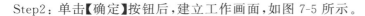

Step2：单击【确定】按钮后，建立工作画面，如图 7-5 所示。

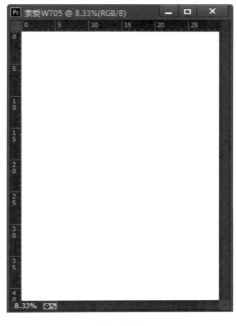

图　7-5

Step3：在图层面板中创建新图层。选择工具箱中的【设置前景色】，自动弹出拾色器，将当前颜色改为"浅灰色"并填充背景，如图 7-6 和图 7-7 所示。

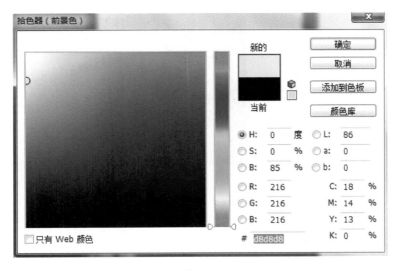

图　7-6

Step4：创建新图层。选择工具箱中的【圆角矩形】，将半径改为 20 像素，画出圆角矩形，同时会自动弹出圆角矩形的编辑器。单击【设置形状填充类型】，选择"白色"；再单击【设置形状描边类型】，选择无颜色，画出滑盖手机的下半部分，如图 7-8 和图 7-9 所示。

Step5：使用相同的方法，画出手机的上半部分，如图 7-10 所示。

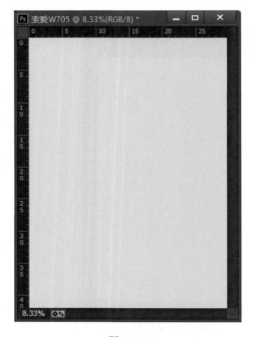

图　7-7　　　　　　　　　　　　　　　　　　图　7-8

Step6：双击圆角矩形所在图层，弹出【图层样式】对话框；选择【斜面和浮雕】，根据需要调节各项数值，做出手机下半部立体效果，如图 7-11 至图 7-13 所示。

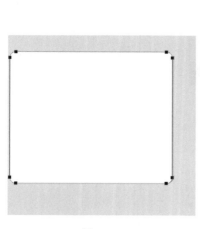

图　7-9　　　　　　　　图　7-10　　　　　　　　图　7-11

Step7：创建新图层，制作手机上半部金属拉丝效果。选择工具箱中的【矩形选框工具】，画出一个矩形，并填充"深灰色"，如图 7-14 和图 7-15 所示。

Step8：选择菜单栏中的【滤镜】→【杂色】→【添加杂色】，调节数量，单击【确定】按钮，如图 7-16 所示。

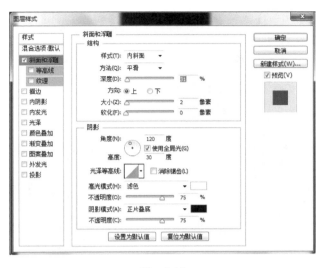

图　7-12

图　7-13

图　7-14

图　7-15

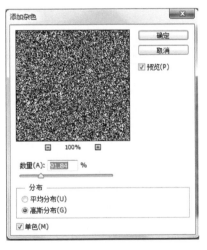

图　7-16

Step9：选择菜单栏中的【滤镜】→【模糊】→【动感模糊】，再根据拉丝的纹理方向调节"角度值"，并调节"距离数值"。为避免动感模糊范围过大，不取消选区，如图 7-17 和图 7-18 所示。

图　7-17

图　7-18

Step10：选择【矩形选框工具】截取拉丝效果的清晰部分，按快捷键【Ctrl＋Shift＋I】进行反选，按【Delete】键将不需要部分删除，最后按快捷键【Ctrl＋D】取消选区，如图 7-19 和图 7-20 所示。

图　7-19

图　7-20

Step11：按快捷键【Ctrl＋T】改变拉丝部分的大小，"拉伸"并"移动"拉丝材质以覆盖手机上半部分，如图 7-21 和图 7-22 所示。

Step12：将【设置前景色】颜色设置为"深紫色"，选择【矩形选框工具】，画出按键区域部分并填充"深紫色"。按住【Ctrl＋鼠标左键】单击金属拉丝图层调出"选区"，按快捷键【Ctrl＋Shift＋I】进行"反选"，将"深紫色"图层多余的部分删除，如图 7-23 和图 7-24 所示。

图　7-21

图　7-22　　　　　　　　　　图　7-23　　　　　　　　　　图　7-24

Step3：选择"深紫色"图层，再选择菜单栏中的【滤镜】→【杂色】→【添加杂色】调节数量值；选择【滤镜】→【模糊】→【高斯模糊】，进行高斯模糊处理，如图7-25所示。

Step14：选择【圆角矩形工具】画出小于手机外轮廓的选区。按快捷键【Ctrl＋Shift＋I】进行"反选"，选择【加深工具】将边缘加深，做出手机边缘的立体效果，如图7-26和图7-27所示。

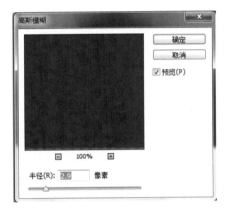

图　7-25　　　　　　　　　　　　　　图　7-26

Step15：选择【圆角矩形工具】，画出"屏幕"部分，如图7-28所示。

图　7-27　　　　　　　　　　　　图　7-28

Step16：按住【Ctrl＋鼠标左键】单击"屏幕"图层，调出选区。创建新图层，选择菜单栏中的【编辑】→【描边】，宽度选择 1 像素，颜色填充"黑色"，做出屏幕与金属拉丝之间的分模线，如图 7-29 和图 7-30 所示。

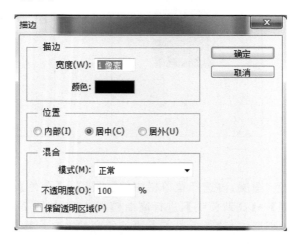

图　7-29

Step17：按快捷键【Ctrl＋J】，复制描边图层。按住【Ctrl＋鼠标左键】单击描边复制图层，用"白色"填充其颜色。在菜单栏中选择【滤镜】→【模糊】→【高斯模糊】，调节它的数值，作为分模线的高光线，如图 7-31 所示。

图　7-30

图　7-31

Step18：选择菜单栏中的【文件】→【置入】，再选择要置入的图片；图片置入工作画面后，按快捷键【Ctrl＋T】改变图片大小，将其放入屏幕的位置，作为屏幕背景，如图 7-32 所示。

Step19：使用【多边形套索工具】画出屏幕反光区域，用"白色"填充。调出屏幕图层选区，按快捷键【Ctrl＋Shift＋I】进行反选，将反光区域多余部分删除；降低"白色"区域的【不透明度】，使手机屏幕产生通透感，如图 7-33 和图 7-34 所示。

Step20：使用【多边形套索工具】画出需要将手机屏幕加深的区域。使用【加深工具】，再选择屏幕边缘（浅灰色）图层，使边缘加深，这种明暗的变化使屏幕效果更加逼真，如图 7-35 和图 7-36 所示。

图 7-32   图 7-33   图 7-34

Step21：使用【钢笔工具】画出摄像头和听筒部分，用"白色"填充，如图 7-37 所示。

图 7-35   图 7-36   图 7-37

Step22：按住【Ctrl＋鼠标左键】单击白色图层，创建新图层。选择菜单栏中的【编辑】→【描边】，调节数值。按住【Ctrl＋鼠标左键】单击白色图层，调出选区【创建新图层】后用"灰色"填充，如图 7-38 和图 7-39 所示。

图 7-38

图 7-39

Step23：选择【橡皮擦工具】，再选择【柔边缘】橡皮（见图 7-40），擦出的效果如图 7-41 所示。

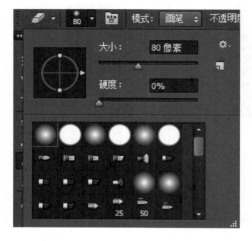

图 7-40　　　　　　　　　　　　　　　　图 7-41

Step24：使用【钢笔工具】画出高光和暗色部分，并将它们分层填充颜色。在菜单栏中选择【滤镜】→【模糊】→【高斯模糊】，调节其数值，做出听筒金属边缘的明暗变化，如图 7-42 和图 7-43 所示。

图 7-42　　　　　　　　　　　　　　　　图 7-43

Step25：选择【圆角矩形工具】，将区域填充为"深紫色"，描边选择"黑色"，如图 7-44 所示。

图 7-44

Step26：选择【椭圆选框工具】，按住【Shift＋鼠标左键】画一个正圆并填充"黑色"。在菜单栏中选择【编辑】→【描边】，宽度选择 0.5 像素，颜色选择"深灰色"，将此作为圆孔的边缘线；并将所画圆孔图层复制两个，横向排开，如图 7-45 和图 7-46 所示。

图 7-45　　　　　　　　　　　　　　　　图 7-46

Step27：使用【椭圆选框工具】，画出摄像头圆形选区。创建新图层，填充"黑色"。创建新图层，再选择菜单栏中的【编辑】→【描边】；选择"浅灰色"描边，将描边的图层向右移动，做出摄像头的边缘线，如图7-47所示。

图　7-47

Step28：用相同的方法，画出"灰色"圆形。使用【钢笔工具】画出投影部分，再选择菜单栏中的【滤镜】→【模糊】→【高斯模糊】，调节其数值，如图7-48所示。

图　7-48

Step29：使用【椭圆选框工具】，画出摄像头孔洞，如图7-49所示。

图　7-49

Step30：使用【多边形套索工具】画出摄像头反光区域并填充"浅灰色"，降低图层的【不透明度】，如图7-50和图7-51所示。

Step31：将听筒和摄像头转折部分的高光部分画出，按住【Ctrl＋鼠标左键】单击听筒和摄像头的路径。创建新图层，再选择菜单栏中的【编辑】→【描边】，并将描边线进行适当的【高斯模糊】处理，如图7-52所示。

Step32：使用制作听筒和摄像头相同的方法，制作感光器，如图7-53所示。

图　7-51

图　7-50

图　7-52

Step33：画出金属拉丝部位的转折面高光线。画出边缘选区，选择菜单栏中的【编辑】→【描边】，颜色选择"白色"；再选择菜单栏中的【滤镜】→【模糊】→【高斯模糊】，调节数值，如图 7-54 至图 7-56 所示。

图　7-53

图　7-54

图　7-55

图　7-56

Step34：制作按键部分。选择【椭圆选框工具】，再按住【Shift＋鼠标左键】画出一个正圆选区。选择"深紫色"面板图层，按快捷键【Ctrl＋C】和【Ctrl＋V】对图层进行局部复制粘贴。创建新图层，对选区进行描边。选择【橡皮擦工具】擦除不需要部分，降低其【不透明度】，作为按键分模线的边缘线，如图 7-57 至图 7-59 所示。

Step35：制作按键左侧部分。按住【Ctrl＋鼠标左键】单击复制粘贴的图层，调出选区。创建新图层，填充"浅紫色"，再选择菜单栏中的【滤镜】→【模糊】→【高斯模糊】，调节数值。使用【加深工具】和【减淡工具】做出明暗变化效果，如图 7-60 和图 7-61 所示。

图 7-58

图 7-57

图 7-59

图 7-60

图 7-61

Step36：按住【Ctrl＋鼠标左键】单击按键的图层调出选区，选择【矩形选框工具】和【从选区中减去】，将不要的部分从选区中减去。创建新图层，并填充"黑色"，如图 7-62 所示。

图 7-62

Step37：按住【Ctrl＋鼠标左键】单击复制粘贴图层调出选区，选择菜单栏中的【选择】→【修改】→【收缩】。选择手机"深紫色"面板材质图层为复制对象，按快捷键【Ctrl＋C】和【Ctrl＋V】，用收缩后的圆形选区对该图层进行局部复制粘贴。选择【矩形选框工具】将不需要的部分删除，如图7-63所示。

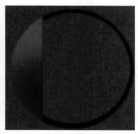

图　　7-63

Step38：制作按键右侧部分。按住【Ctrl＋鼠标左键】单击上个步骤画的图层调出选区。创建新图层，并用"浅紫色"填充。选择【橡皮擦工具】擦出按键凸起的明暗关系，如图7-64所示。

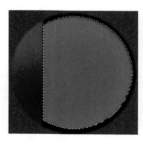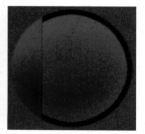

图　　7-64

Step39：按住【Ctrl＋鼠标左键】单击手机按键图层调出选区，选择菜单栏中的【选择】→【修改】→【收缩】。创建新图层，再选择菜单栏中的【编辑】→【描边】，填充为"黑色"；然后将"描边"进行【高斯模糊】处理，制作按键的转折边缘效果。选择【橡皮擦工具】擦去不需要的部分。用相同的方法，画出亮光边缘，如图7-65所示。

图　　7-65

Step40：选择【钢笔工具】画出小按键的轮廓线。创建新图层，再用"浅紫色"填充，选择【加深工具】和【减淡工具】对按键进行明暗关系处理，做出立体效果，如图7-66所示。

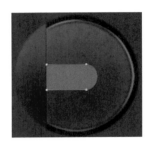

图 7-66

Step41：与做右侧键盘部分的方法类似，制作小键盘的分模线及高光线效果，如图 7-67 所示。

Step42：画出小按键上表面金属渐变色"选区"，创建新图层。使用【渐变工具】从【黑色】到【透明色】进行过渡渐变。做出小按键转角处的明暗交界线，突出按键金属质感，如图 7-68。

图 7-67   图 7-68

Step43：创建新组并命名为"侧键"，将所有制作按键的图层拖入该组当中。单击【侧键】组，再按快捷键【Ctrl＋J】对"侧键"组进行复制。将"侧键副本"组向右移动，选择菜单栏中的【编辑】→【变换】→【水平翻转】做出另一侧按键，如图 7-69 和图 7-70 所示。

图 7-69   图 7-70

Step44：制作中间按钮。创建新图层并选择【椭圆选框工具】，按住【Shift＋Alt＋鼠标左键】拖动鼠标从中心画出一个正圆,填充为"黑色"。再创建新图层,选择菜单栏中的【选择】→【修改】→【收缩】,将圆形选区缩小一定数值,并填充为"灰色",如图 7-71 所示。

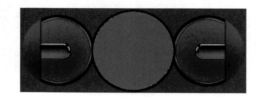

图　7-71

Step45：制作中间按钮金属反光部分。使用【多边形套索工具】画出反光区域,再创建新图层并填充为"白色",然后对其进行【高斯模糊】处理。按住【Ctrl＋鼠标左键】单击"黑色"圆形图层调出选区,按快捷键【Ctrl＋Shift＋I】进行反选,按【Delete】键,将多余部分删除,如图 7-72 所示。

图　7-72

Step46：创建新图层。使用【椭圆选框工具】画出一个正圆选区,填充为"黑色"。再创建新图层,然后选择菜单栏中的【选择】→【修改】→【收缩】,填充手机键盘颜色为"深紫色",如图 7-73 和图 7-74 所示。

图　7-73　　　　　　　　　　　　　　图　7-74

Step47：继续将选区【收缩】,再创建新图层；然后选择菜单栏中的【编辑】→【描边】,选择白色描边,降低其【不透明度】。重复采用相同的方式,画出按键的波纹纹理,如图 7-75 所示。

Step48：参照前面的制作方法,做出键盘的反光部分及中心的小按键部分,如图 7-76 所示。

图　　7-75

图　　7-76

Step49：使用【多边形套索工具】，画出面板的反光部分选区，填充为"亮色"，进行【高斯模糊】处理并降低其【不透明度】，如图 7-77 所示。

图　　7-77

Step50：制作手机标志部分。使用【钢笔工具】画出标志的透明塑料部分，填充为"白色"降低【不透明度】。双击该图层，调出【图层样式】对话框。选择【斜面和浮雕】并调整数值，做出厚度感，如图 7-78 所示。

Step51：使用【钢笔工具】画出索爱手机标志并填充"灰白色"。双击标志层调出【图层样式】对话框，选择【投影】并调节数值。带有阴影的标志，会让标志显得与透明材质底面有距离感，使透明材质的厚度感更加突出，如图 7-79 所示。

图　　7-78

图　　7-79

Step52：使用相同的方法制作标志"walkman"，如图 7-80 所示。

图　7-80

Step53：使用前面所讲方法制作手机下半部分，如图 7-81 所示。

Step54：制作手机的阴影部分。使用【钢笔工具】画出阴影部分区域，填充"黑色"并进行【高斯模糊】处理，如图 7-82 所示。

Step55：制作手机的倒影。创建新组并命名为"主体"，将制作手机的每一个图层都放入"主体"组中。选择【主体】组，按【Ctrl＋J】组合键复制"主体"组，并按快捷键【Ctrl＋E】合并图层。选择菜单栏中的【编辑】→【变换】→【垂直翻转】，将合并后的【主体拷贝】图层放置于【主体】组下方，如图 7-83 和图 7-84 所示。

图　7-81　　　　　　　图　7-82　　　　　　　图　7-83

Step56：降低"主体拷贝"图层的【不透明度】，使用【橡皮擦工具】减淡手机倒影。手机效果图制作完成，如图 7-85 所示。

图 7-84

图 7-85

7.4 手机提案展示

　　手机的提案展示,需要给客户展示更多的细节,一般情况下,手机的六视图多在提案展示中表现出来,以更准确地表达设计的各个部分,让客户更好地看到未来生产的效果。手机方案展示要更准确地表达各个部件之间的关系以及各个部件的材质,越达到逼真的效果越好,也越能展现出设计的最终效果来。示例如图 7-86 所示。

图 7-86

7.5 本章小结

　　手机制作关键步骤:①如果制作产品图层比较多,注意要创建新组,将每一部件的图层进行分类放入各自的创建组中,方便以后查找相应图层。②注意细节的处理,微小细节都要细致的表现，才能达到最好的效果。③屏幕的制作，要突出屏幕表面的反光与屏幕背景图案的前后距离感。④意产品按键纹理的刻画。⑤在滑盖手机前后的面板之间要添加阴影，以突出两个面板的前后关系。⑥制作手机的倒影，增加空间感。如图 7-87 所示。

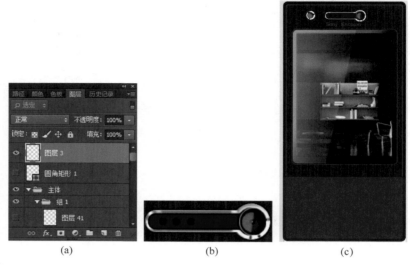

(a)   (b)   (c)

(d)

(e)   (f)

图　7-87

　　本章通过对手机设计相对高端、时尚、智能等进行分析定位，做好与客户之间的沟通，了解客户对于手机的定位要求。然后分析数码产品的未来发展的形态、色彩、加工工艺、细节等趋势，寻找适合所设计手机的信息，再进行手机草图方案的绘制。通过对索爱滑盖手机的实例讲解，结合各个材质之间的不同搭配，使用户深入了解效果图制作过程，并能够逼真的表达设计想法，达到客户的满意度。

7.6　经验介绍

　　产品的设计除了形态和颜色的表现特征外，还有产品表面肌理。肌理对于产品而言，就如同皮肤一样重要。在设计的过程中可以利用肌理创造出更加多样化、个性化的形态，并使使用者产生良好的触感和视觉装饰性。产品表面的形态重塑和表现，需要建立在设计者对于材料特性的理解上，并结合现代工艺改变其原有的形态，使产生新的肌理和视觉效果。我们在选择肌理效果时，由于经验的不足，往往也很难抉择。因此，平时搜集一些已有的产品建立肌理库，为产品设计表面肌理提供选择，以达到最好的触觉和视觉效果，如图 7-88 所示。

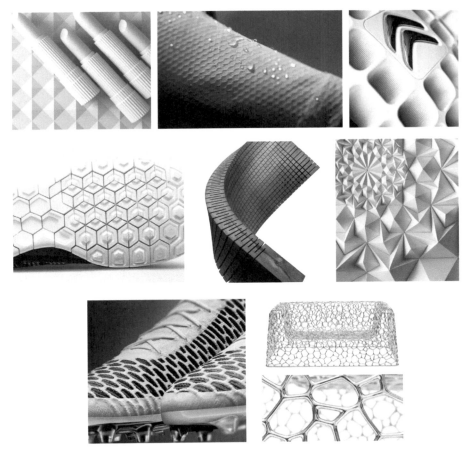

图　7-88

7.7 课后习题

    根据本章讲解内容,完成如图 7-89、图 7-90 所示图片产品的设计练习。熟练掌握各种材质的特点以及不同材质之间的表现方式,掌握透明屏幕的制作以及镜头质感的表达,尽量做到逼真的效果。

图 7-89

图 7-90

第8章
自行车设计综合实例

8.1　自行车的设计流程

　　设计自行车时首先要定位好，比如是家用自行车、竞赛类自行车还是环保概念类自行车。作为设计师，要与客户进行项目对接的过程，保持良好的沟通。确定类型和客户要求后，要针对这一类型的使用人群进行分析，例如设计环保概念型自行车，这种自行车适合提倡环保人士，他们具有受过高等教育、拥有良好社会地位、思想前卫并能追求新颖前卫等特征，在此基础上进行自行车的设计定位。通过色彩、材质、制作工艺的调研，寻找能够体现环保概念类自行车的特征信息（如：形态、颜色、材质、制作工艺和细节等），为自行车的设计提供参考。示例如图8-1所示。

图　8-1

8.2　设计草图表现

　　自行车的设计需要结合很多设计元素，从中寻找灵感。可以将其他产品的设计元素进行提取，并运用到自行车设计当中。尤其是概念类自行车的设计，外形要新颖并且要将新的概念运用其中。概念自行车的形态要不断的地敲，与结构设计师进行沟通修改外观，以免设计后期无法进行生产。

8.3　概念自行车效果图表现

Step1：新建文档，选择菜单栏中的【文件】→【新建...】或按快捷键【Ctrl＋N】。在打开的对话框中设置文档文件名称、画面大小、分辨率以及色彩模式等，如图 8-2 所示。单击【确定】按钮后，建立工作画面，如图 8-3 所示。

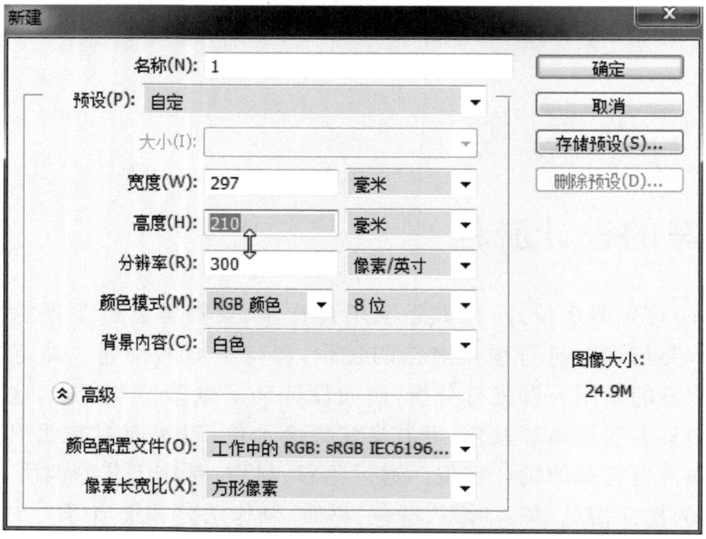

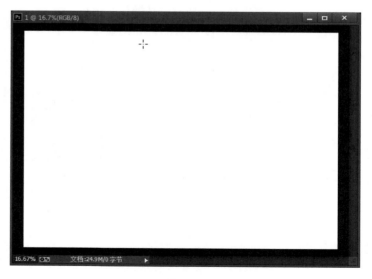

图　8-2

图　8-3

Step2：使用【钢笔工具】画出自行车轮跨线，并在路径面板中保存路径，用于以后的颜色填充，如图 8-4 和图 8-5 所示。

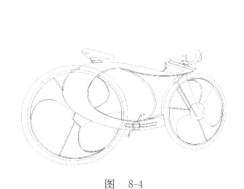

图 8-4　　　　　　　　　　　　　　　　　图 8-5

Step3：在【路径面板】中选择勾画好的车座部分，并用工具栏中的【直接选择】工具选中显示的车座部分，如图 8-6 至图 8-9 所示。

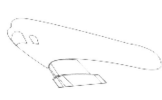

图 8-6　　　　　　　　　　　　　　　　　图 8-7

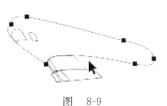

图 8-8　　　　　　　　　　　　　　　　　图 8-9

Step4：在【图层面板】中新建组文件夹，并在该组里新建图层，将【钢笔工具】选中的路径转化成选区，给图形上色，分别存在不同的图层里，如图 8-10 和图 8-11 所示。

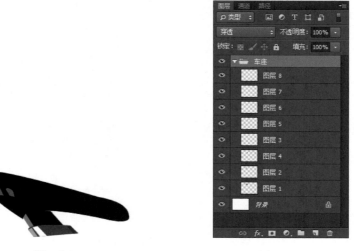

图 8-10   图 8-11

Step5：由于自行车结构复杂，所以将每一部分结构上色后一定要整体比较，如图 8-12 所示。

Step6：使用【路径选择工具】选取车头部分的侧面区域，然后将该路径转化为选区，用【渐变工具】给选区上色，如图 8-13 至图 8-15 所示。

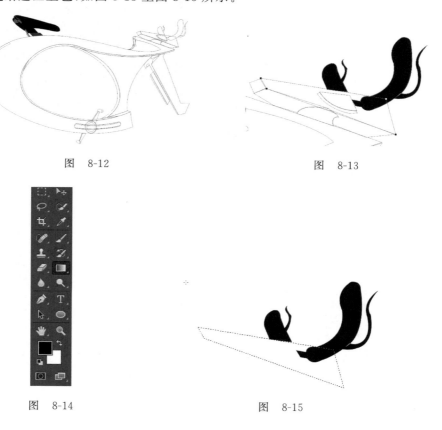

图 8-12   图 8-13

图 8-14   图 8-15

Step7：选择【渐变工具】并打开【渐变编辑器】，在色带中用【吸管工具】吸附并添加要选择的颜色来制作渐变，然后给选区中的部分上色，用同样的方式将车头的其他面进行上色，如图 8-16 和图 8-17 所示。

图　8-16

Step8：用同样的方法也给前车轮架上色，并注意每一部分的图层关系，将最近的部分放在【图层】工具的最上面，最远的部分放在最下层，这样通过上色后能使车架显得更加立体，如图 8-18 和图 8-19 所示。

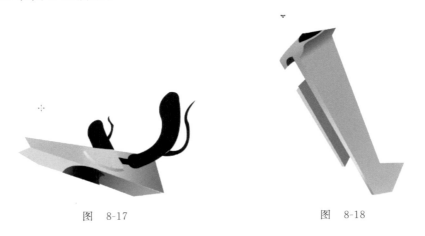

图　8-17　　　　　　　　　　　　　　　图　8-18

Step9：将车座、车头、车身和前车架分别用【渐变工具】上色，并在【图层工具】中按不同的部分建组，方便图层绘制太多可按组选择对应图层调整，如图 8-20 和图 8-21 所示。整辆车的上色效果如图 8-22 所示。

图 8-19

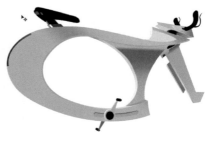

图 8-20

图 8-21

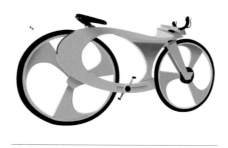

图 8-22

Step10：选择【图层工具】中的车座组，将车座部分进行细致的调整，如图 8-23 所示。

Step11：在【图层工具】的车座组中选择车座上的红色部分，并调出选区。选择菜单栏中的【滤镜】→【模糊】→【高斯模糊】，将模糊的半径数值设置为 5.7 像素，使得红色区域边缘模糊后的效果融合了一点车座的黑色，显得有纵深感，如图 8-24 至图 8-26 所示。

Step12：选择工具栏中的【套锁工具】，将选择栏中的羽化值设置为 3 像素，在侧坐尾部简单勾画出后面受光的部分，如图 8-27 至图 8-29 所示。

图　8-23

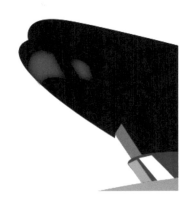

图　8-24

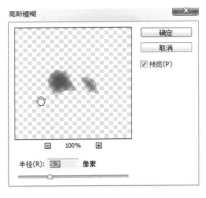

图　8-25

图　8-26

图　8-27　　　　　　　图　8-28　　　　　　　图　8-29

Step13：单击工具栏中的【前景色】，调出【拾色器】窗口，在颜色面板上选择一个"中灰"色，并在车座上新建图层，将选好的颜色填充到车座上建好的选区中，如图8-30至图8-32。

图 8-30

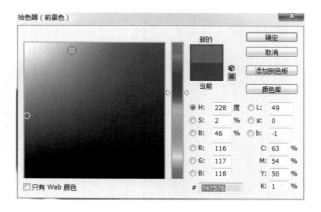

图 8-31

Step14：将该填充好的图层中【不透明度】设置为 50％，使车尾部分的受光显得自然而柔和，如图 8-33 和图 8-34 所示。

图 8-32

图 8-33

Step15：将车座下方的黑色车管部分的反光处调出【选区】，并在【模糊滤镜】中选择【动感模糊】命令，将距离设置为 8 像素，使这部分的反光边缘处显示得更加自然，如图 8-35 至图 8-37 所示。

图 8-34

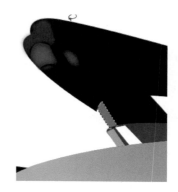

图 8-35

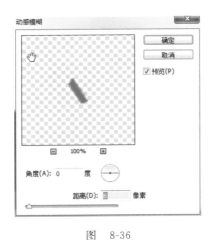

图　8-36　　　　　　　　　　　　　　　　　图　8-37

Step16：在【图层工具】中将该反光部分的不透明度设置为 85％，使反光的颜色变化更柔和，如图 8-38 和图 8-39 所示。

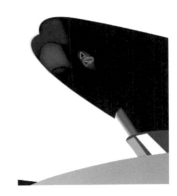

图　8-38　　　　　　　　　　　　　　　　　图　8-39

Step17：使用工具栏中的【多边形套锁】工具，勾画出车座下侧方的反光部分，如图 8-40 和图 8-41 所示。

图　8-40　　　　　　　　　　　　　　　　　图　8-41

Step18：使用工具栏中的【渐变】工具，在车座下侧方的反光部分添加渐变由浅灰到深灰色，如图 8-42 和图 8-43 所示。

图　8-42　　　　　　　　　　　　　　　　图　8-43

Step19：选择菜单栏中的【滤镜】→【高斯模糊】工具，将车座下侧方的反光部分进行高斯模糊，把半径设置成 5.7，如图 8-44 所示。并将该图层的不透明度设置成 40％，使反光部分的效果更加得自然柔和，同时也更能体现出车座部分是弱反光的塑料材质，如图 8-45 和图 8-46 所示。

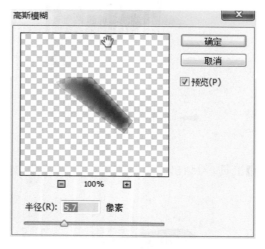

图　8-44　　　　　　　　　　　　　　　　图　8-45

Step20：选择工具栏中的【橡皮擦】工具，再选择边缘软的橡皮，将不透明度设置成85％，流量设置成 48％，擦除车座下侧方的反光部的边缘，使颜色过渡更自然，如图 8-47 至图 8-49 所示。

Step21：选择【图层面板】中的车座尾部的红色区域，并调出选区，将选区的混合模式改为强光，如图 8-50 和图 8-51 所示。

Step22：在【图层面板】中将刚刚编辑的图层 2 复制一层，同样调出选区，选择【自由套锁】工具取消选择左边的红色选区，如图 8-52 和图 8-53 所示。

图　8-46　　　　　　　　　　　　　　　　　　　　图　8-47

图　8-48

图　8-49　　　　　　　　　　　　　　　　　　　图　8-50

图　8-51　　　　　　　　　　　　　　　　　　图　8-52

Step23：删除右边的红色选区部分，使两个红色区域的颜色有明显的明暗变化，如图8-54所示。

图　8-53　　　　　　　　　　　　　　　　图　8-54

Step24：在【图层面板】中选中车座下方和车架交接的部分，选择菜单栏中的【滤镜】→【杂色】→【添加杂色】命令，将数量设置成14.21%，分布为平均分布，如图8-55至图8-57所示。

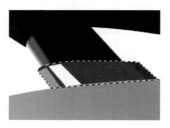

图　8-55

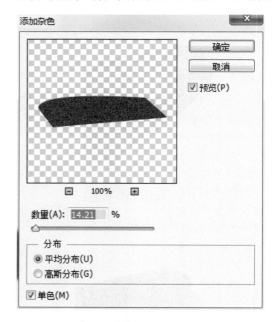

图　8-56　　　　　　　　　　　　　　　　图　8-57

Step25：在选择【添加杂色】命令后，将该区域使用【滤镜】菜单里的【动感模糊】命令，如图8-58和图8-59所示。

Step26：在工具栏中选择【模糊】工具，将该区域动感模糊后的效果更加虚化，如图8-60和图8-61所示。

Step27：再次调出该区域选区，选择工具栏中的【橡皮擦】工具，降低半透明度，将中间的部分轻轻擦除，但并不是完全擦透，如图8-62和图8-63所示。

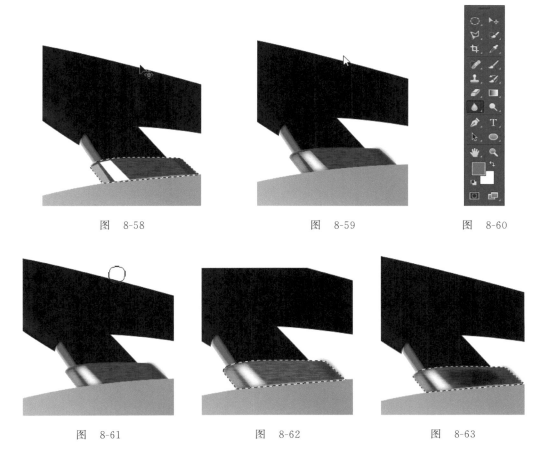

图　8-58　　　　　　　　　　图　8-59　　　　　　　　　　图　8-60

图　8-61　　　　　　　　　　图　8-62　　　　　　　　　　图　8-63

Step28：下面修饰车头部分的效果。首先在图层面板选中车头图层组中侧面的图层，在这层上新建一个图层，并在工具栏中选择【多边形套锁】工具，画出车把下方的阴影区域，填充一个中灰色，如图 8-64 所示。

Step29：在工具栏中选择【加深】工具，将紧挨车把下方的阴影区域按照车把投影的形状进行局部加深，同样用【减淡】工具将阴影的边缘处颜色提亮，形成自然的渐变效果，如图 8-65 至图 8-67 所示。

图　8-64

图　8-65

Step30：在工具栏中选择【加深】工具，将选区的中间部分进行局部加深，做出明显的凹形效果，如图 8-68 所示。

图 8-66

图 8-67

Step31：调出车架中间梁的选区，用减除选区的方式将选区画成只有车架横梁下面相接处的部分，将该区域新建一层并填充上浅灰色，同样用【加深】工具将反光部分的边缘颜色与下层的深灰色相融合，形成自然的渐变效果，如图 8-69 至图 8-71 所示。

图 8-68

图 8-69

图 8-70

图 8-71

Step32：将加深后的反光部分的图层下移到图片位置，然后选择【画笔】工具，在【选择栏】里选择没有硬度的画笔，将流量设置为 55%，选择一个淡黄色，如图 8-72 至图 8-75 所示。

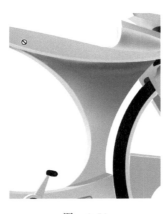

图　8-72

图　8-73

图　8-74

Step33：用【钢笔】工具勾画出图片中的选区图形，用画笔绘制提前设置好的颜色为了能更加强调反光部分的质感，如图 8-76 和图 8-77 所示。

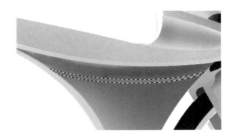

图　8-75

图　8-76

Step34：在图层面板中选出照片中的选区图形，然后选择菜单栏中的【选择】→【修改】→【收缩】命令，将数值设置为 5 像素形成新的选区，并新建图层，在该图层中将选取部分填出上淡黄色，如图 8-78 至图 8-81 所示。

图　8-77

图　8-78

图 8-79   图 8-80

Step35：将该图层添加蒙版，并在蒙版中添加由白到黑的渐变，使光的颜色能随着车架的形状自然的变化，如图 8-82 和图 8-83 所示。

图 8-81   图 8-82

Step36：调出图层面板中的车架组里车架侧面的车身区域，仔细观察该区域中反光和质感部分的表现，如图 8-84 所示。

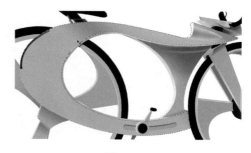

图 8-83   图 8-84

Step37：将调出的车架组里车身区域拷贝复制到新一层，并减掉部分选区中的填充色，保留选区，如图 8-85 至图 8-87 所示。

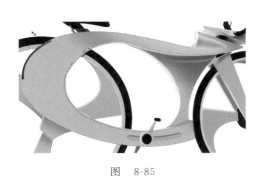

图　8-85

图　8-86

Step38：将新绘制的选区填充渐变颜色，在【渐变编辑器】中设置不同的颜色形成不同的反光色带，如图 8-88 所示。

Step39：使用工具栏中的【涂抹】工具，将添加的线性渐变的直线部分按照车架的流线型涂抹自然，如图 8-89 和图 8-90 所示。

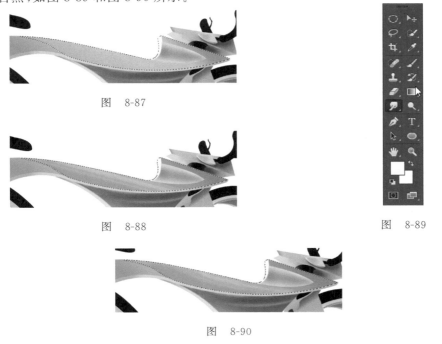

图　8-87

图　8-88

图　8-89

图　8-90

Step40：减淡该图层添加的渐变颜色，所以降低该层的不透明度，反复对比反光部分的颜色与车架部分颜色的衔接，要修饰得自然真实，如图 8-91 和图 8-92 所示。

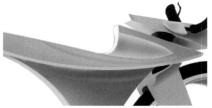

图　8-91　　　　　　　　　　　　　　　图　8-92

Step41：选择车架尾部的红色装饰区域，用【减淡】工具将该区域拐弯处的边缘颜色减淡，以达到受光的效果，同时将红色最上部边缘颜色减淡，使这部分的结构变成有立体效果，如图 8-93 和图 8-94 所示。

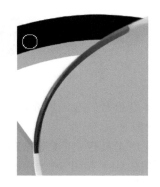

图　8-93　　　　　　　　　　　　　　　图　8-94

Step42：选择和红色装饰区域相联接的车架部分，绘制新的选区，同样用【减淡】工具将该区域的边缘颜色减淡，以达到受光和立体的效果，如图 8-95 和图 8-96 所示。

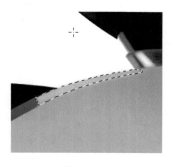

图　8-95　　　　　　　　　　　　　　　图　8-96

Step43：调出脚蹬旁边的车架部分的投影选区，减少部分选区形成新的选区，用【减淡】工具将该区域的边缘颜色减淡，以达到光与影的自然过渡的效果，如图 8-97 至图 8-99 所示。

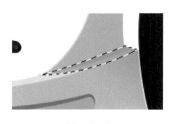
图　8-97

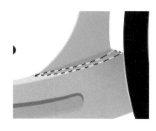
图　8-98

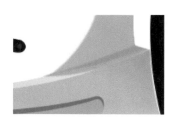
图　8-99

Step44：选择车架内侧立体部分的渐变受光面,同样用【减淡】和【加深】工具将该区域随着光射的自然规律添加受光和阴影的颜色,使该区域变化更自然,如图 8-100 和图 8-101 所示。

图　8-100

图　8-101

Step45：选择图层面板中的脚蹬区域,同样用【减淡】和【加深】工具将该区域随着光射的自然规律添加受光、阴影和折射到车架上的反光面的颜色,使该区域变化更自然,如图 8-102 至图 8-104 所示。

图　8-102

图　8-103

Step46：选择图层面板中的的后车轮组,观察在之前的车轮绘制中有很多相接处的空白缝隙,用【自由变换】工具将有空隙的部分不断调整大小和位置,直到将所有的空隙都完整的衔接上,如图 8-105 至图 8-107 所示。

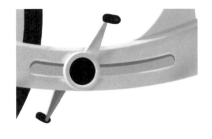
图　8-104

图　8-105

图 8-106

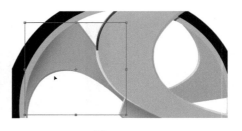

图 8-107

Step47：选择【加深】再将一个车轮架与轮胎相接处添加完整的暗影，用同样的方法给车架与车轮相叠处添加阴影，如图 8-108 和图 8-109 所示。

图 8-108

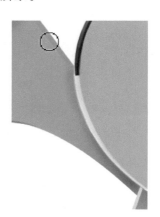

图 8-109

Step48：反复调整，将车轮架与轮胎相接处的暗影颜色绘制自然，用【钢笔】工具绘制新的选区，将该区域颜色逐渐加深，使得加深后的部分能明显的与旁边的转折面形成亮暗反差，形成明显的立体效果，如图 8-110 至图 8-113 所示。

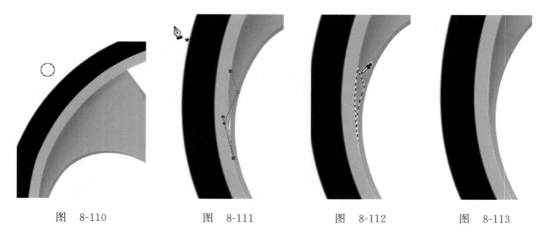

图 8-110   图 8-111   图 8-112   图 8-113

Step49：观察轮胎钢圈部分的颜色变化，给其绘制反光，用【钢笔】工具绘制新的选区，并给该选区添加一个中灰色，如图 8-114 至图 8-117 所示。

图　8-114

图　8-115

图　8-116

图　8-117

Step50：选择轮胎钢圈部分的选区，选择【选择】菜单栏→【修改】→【收缩】命令将选区缩小，再用【加深】工具绘制新的选区，使钢圈的立体感加强，如图 8-118 至图 8-120 所示。

图　8-118

图　8-119

图　8-120

Step51：用【减淡】工具提亮车轮架侧面的反光部分，使其立体感加强，如图 8-121 所示。

Step52：在图片所示的部分添加选区，用【减淡】工具提亮选区的颜色，增强其反光效果，同时减淡侧面背光部分的颜色，将亮暗反光更加分明，如图 8-122 至图 8-124 所示。

Step53：选择车架与车轮钢圈相叠的投影部分，再进行【高斯模糊】处理并将其半透明度，然后用【减淡】工具降低边缘颜色使其出现立体效果，如图 8-125 至图 8-128 所示。

图　8-121

图　8-122

图　8-123

图　8-124

图　8-125

图　8-126

图　8-127

图　8-128

Step54：选择车架与车轮中部相叠的投影部分，建立投影的选区。用【加深】工具加强投影的，同时提亮相邻处车架侧面的受光部分，加强对比效果，如图 8-129 至图 8-132 所示。

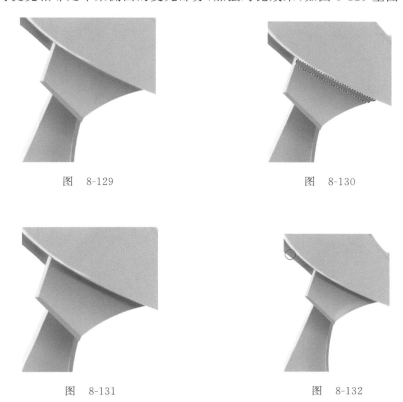

图　8-129　　　　　　　　　　　　图　8-130

图　8-131　　　　　　　　　　　　图　8-132

Step55：选择轮胎部分调用其选区，再选择菜单栏中的【选择】→【收缩】命令新建选区，并新建图层将该选区填充一个中灰色，用【高斯模糊】命令模糊选区，同时降低其半透明度，如图 8-133 至图 8-135 所示。

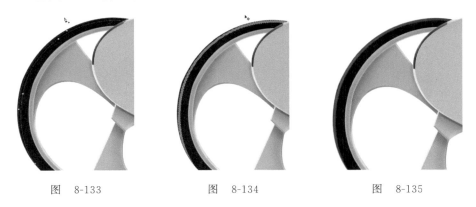

图　8-133　　　　　　图　8-134　　　　　　图　8-135

Step56：将选区部分用【减淡】工具把受光部分提亮，如图 8-136 所示。

Step57：将车架中间的一部分轮胎选区选中，新建图层并添加一个深灰色，并将该层建立蒙版，使该灰色图层显示深浅的渐变效果，如图 8-137 至图 8-140 所示。

图　8-136

图　8-137

图　8-138

图　8-139

Step58：用【加深】工具将选区部分的边缘颜色加重，更好地和下层的黑色轮胎相融合，如图 8-141 所示。

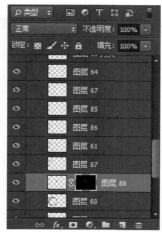

图　8-140

图　8-141

Step59：用同样的方式给底部的轮胎制作选区，并添加灰色过渡区域，使轮胎显得更加立体，如图 8-142 至图 8-145 所示。

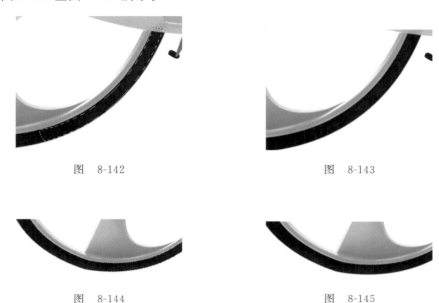

图　8-142　　　　　　　　　　　　　　　　　　图　8-143

图　8-144　　　　　　　　　　　　　　　　　　图　8-145

Step60：用制作后轮胎的方法同样绘制前轮胎的细节，并观察整个车身将车子的白色材质的车身高斯模糊，增加车的材质效果，如图 8-146 所示。

Step61：为了加强车的整体效果，给自行车增加一个灰色的渐变背景，并添加投影部分，更好的体现车的效果，如图 8-147 所示。

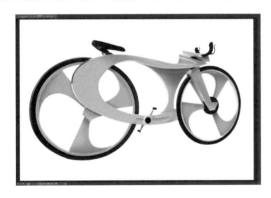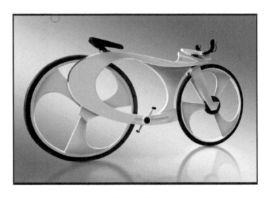

图　8-146　　　　　　　　　　　　　　　　　　图　8-147

8.4　自行车提案展示

自行车的提案展示，需要给客户展示自行车独特的设计和很多细节，通常在提案中会将六视图表现出来，以更准确地表达设计的各个部分，让客户看到全面的产品设计效果。在提案中通过对材质和细节的表达，更能体现产品新颖和独特的性能，如图 8-148 和图 8-149 所示。

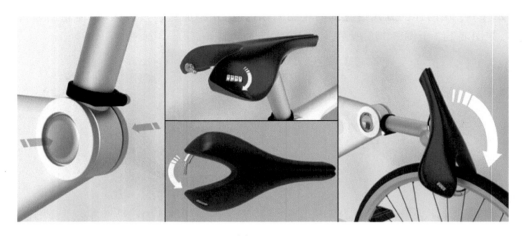

图 8-148

8.5 本章小结

自行车制作关键步骤：①首先将所设计自行车的所有轮廓线使用【钢笔工具】画出。②在【路径面板】中分别建立不同部件的轮廓线，以便后期的调用。③注意细节的明暗关系，细微的明暗变化才能做出真实的立体效果。④塑料材质发光体的制作要注意观察其特点，由光源处向外散开的光感效果要把握好。⑤为产品添加背景，以增加整个画面的空间感，并为自行车添加倒影，使自行车有与地面接触的感觉，如图 8-149(a)～(e)所示。

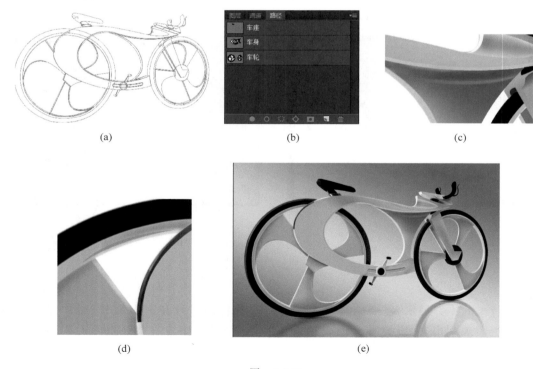

图 8-149

　　本章通过对概念自行车设计的理念、时尚、用途等进行定位分析,做好与客户之间的沟通,了解客户对自行车的定位要求。然后分析自行车所应用的对象、城市以及国家等因素来考虑自行车量产的规模,再反复设计自行车所适合应用的材质和细节的设计。通过对这款概念自行车制作的实例讲解,结合不同材质的之所方法,使用户更加深入的了解效果图的制作过程,并能够逼真的表达设计想法,达到客户的满意度。

8.6　经验介绍

　　细节设计常常在产品设计中有画龙点睛的作用。产品无论多么的复杂,当分析和观察的时候,就会发现它是由很多细节组成的。作为使用者,若能发现产品的细节之美,便能感受到现代设计的精妙之处。而作为设计师,细节更是精益求精的体现,值得去追求! 示例如图 8-150 所示。

图　8-150

8.7　课后习题

　　根据本章讲解的内容,做如图 8-151 所示图片产品作为练习,熟练掌握各种细节的刻画和材质的表现,使其尽量呈现立体逼真的效果。

图　8-151

第9章
汽车设计综合实例

9.1 汽车的设计流程

汽车设计是工业产品设计中最有挑战的一部分,也是最难的部分。首先要定位好车的类型,如小轿车、客车、卡车、货车还是赛车等。由于汽车设计涉及到很多相关方面的知识,产品的结构非常复杂,用途非常广,设计生产品质要求高,所以设计成本高,设计制作周期长,因此作为设计师要与客户进行项目对接的过程,保持良好的沟通,而且在整个设计研发过程要求整个设计团队共同参与制作,而非一个人独自设计。同样,汽车效果图的表现也要求设计师有非常好的绘画和造型表现的功力,在此基础上进行汽车的设计定位。通过基础性能、色彩、材质、制作工艺的调研,寻找能够体现汽车的特征信息(如:形态、颜色、材质、制作工艺和细节等),为汽车的设计提供参考。示例如图9-1所示。

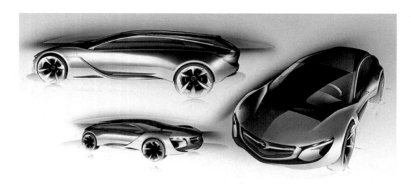

图 9-1

9.2 设计草图表现

汽车的设计需要考虑很多复杂结构,结合很多设计元素,从中寻找灵感。可以将其他产品的设计元素进行提取,运用到汽车设计当中。尤其是对汽车结构的透视表现和比例关系的整体把握,以及各个部分细节的充分表现都是汽车设计的关键,要不断地推敲其形态,与结构设计师进行沟通修改外观,以免设计后期无法进行生产。

9.3 汽车效果图表现

Step1:新建文档,选择菜单栏中的【文件】→【新建...】,在打开的对话框中设置文档文件名称、画面大小、分辨率以及色彩模式等,如图9-2所示。

图   9-2

Step2:在图层面板中分别建立不同的图层组,图层组的名称和顺序,如图9-3所示。

Step3:在【路径面板】中建立路径层,命名为"车身轮廓"路径层,然后选中工具栏中的【钢笔】工具,在"车身轮廓"路径层中勾画出车身的路径,用于以后的颜色填充,如图9-4和图9-5所示。

图   9-3   图   9-4

Step4:车身轮廓绘制好后,单击【路径面板】底部的(将路径作为选区载入)按钮,调出车身的选区,如图9-6和图9-7所示。

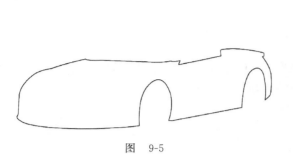

图 9-5

图 9-6

Step5：在图层面板的【车身】图层组中新建图层，并在【拾色器】面板中选择"暗红色"，将颜色填充在刚设置的车身选区中，如图9-8和图9-9所示。

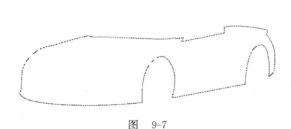

图 9-7

图 9-8

图 9-9

图 9-10

Step6：在路径面板先选择【车身轮廓】路径，调出其选区，然后同时按快捷键【Shift＋Ctrl＋Alt】和【车身分模 1】路径的小窗口，制作出车头部分的选区如图9-10和图9-11所示。

在图层面板中的【车身轮廓】图层中将选区复制新建到新一图层,命名"车身分模1",如图 9-12 至图 9-14 所示。

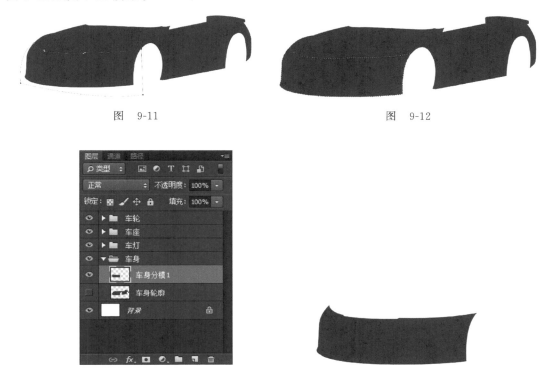

图 9-11

图 9-12

图 9-13

图 9-14

Step7:在刚刚新建的【车身分模1】图层上双击,弹出【图层样式】面板,选择【斜面和浮雕】选项,参数设置如图 9-15 所示。单击【确定】按钮,应用图层样式后的效果如图 9-16 所示。

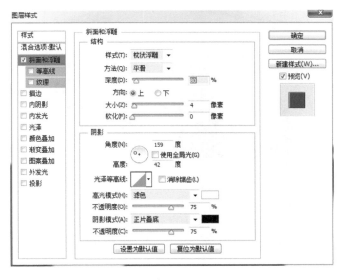

图 9-15

Step8：将路径面板中的新建路径层，命名为"车身分模2"，如图9-17所示。

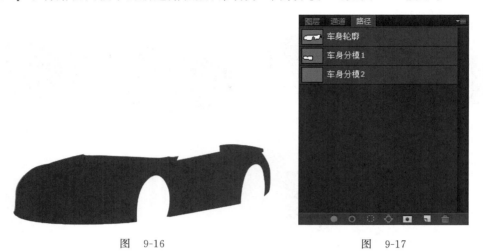

图 9-16　　　　　　　　　　　　图 9-17

Step9：在"车身分模2"路径层中用【钢笔】工具将车身前机盖圈出来，用之前同样的方法将车身前机盖的选区绘制出来，如图9-18至图9-20所示。

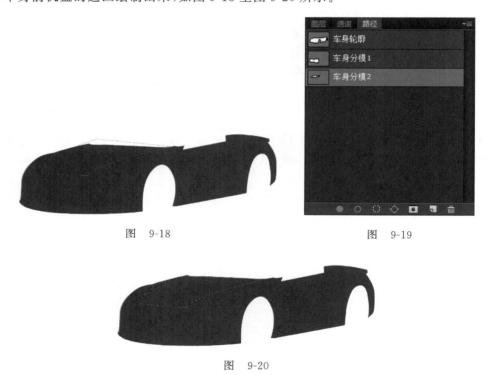

图 9-18　　　　　　　　　　　　图 9-19

图 9-20

Step10：在图层面板中将选区复制到新一层，命名为"车身分模2，如图9-21和图9-22所示。

Step11：在"车身分模2"图层上双击，弹出【图层样式】面板。选择【斜面和浮雕】选项，参数设置如图9-23所示。单击【确定】按钮，应用图层样式后的效果如图9-24和9-25所示。

图　9-21

图　9-22

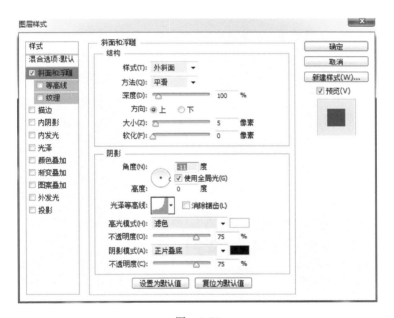

图　9-23

图　9-24

Step12：确定好"图层样式"的效果后，在确定不更改的前提下选择菜单栏中的【图层】→【栅格化】→【图层样式】，这样就将该图层"栅格化"了，此操作的目的是不影响后面图层的光线样式效果，如图9-26所示。

<table>
<tr><td>图　9-25</td><td>图　9-26</td></tr>
</table>

Step13：在【路径面板】新建"车身分模3"路径层，用【钢笔】工具勾画所需部分的路径，如图9-27和图9-28所示。通过调出车身的选区先减去"车身分模1"部分的选区，再选择和"车身分模3"部分的交集，最终形成想绘制的选区，如图9-29和图9-30所示。

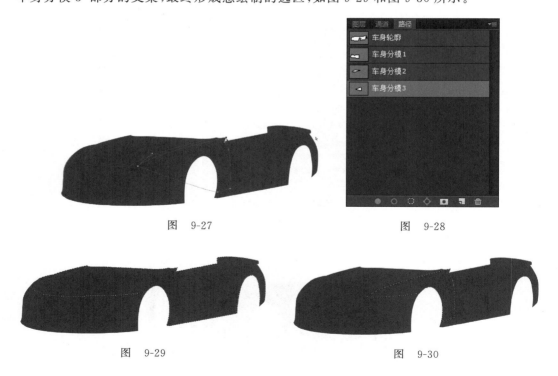

<table>
<tr><td>图　9-27</td><td>图　9-28</td></tr>
<tr><td>图　9-29</td><td>图　9-30</td></tr>
</table>

Step14：在图层面板的【车身轮廓】层将制作好的选区拷贝复制到新建图层，命名为"车身分模3"，如图9-31和图9-32所示。

图　9-31　　　　　　　　　　　　　　　　　图　9-32

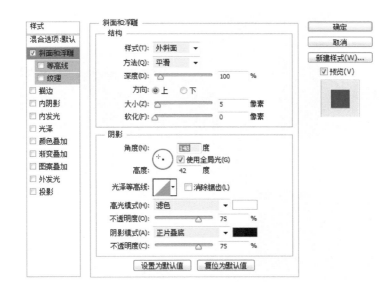

图　9-33

Step15：在【路径面板】中新建路径层，并命名为"车身分模4"，用【钢笔】工具绘制路径选区，如图9-34和图9-35所示。

Step16：在【路径面板】中调出不同图层的选区，通过【加选】、【减选】和【选择交集】的方式选出最终需要的选区，然后在图层面板复制新建图层，并增加相同的图层样式，如图9-36至图9-38所示。

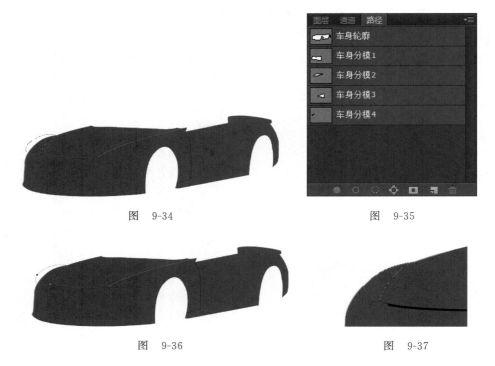

图 9-34   图 9-35

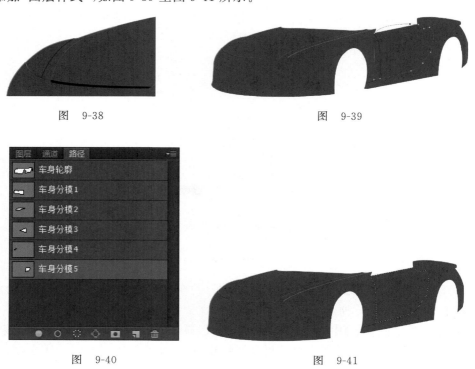

图 9-36   图 9-37

Step17：用相同的方式制作车门部分的选区，先建【车身分模 5】路径层，然后再建路径层并添加"图层样式"，如图 9-39 至图 9-41 所示。

图 9-38   图 9-39

图 9-40   图 9-41

Step18：用相同方式制作车尾部分，如图 9-42 至图 9-45 所示。

图　9-42

图　9-43

图　9-44

Step19：在图层面板中将【车身轮廓】图层同样添加【图层样式】，如图 9-46 和图 9-47
所示。

图　9-45

图　9-46

Step20：制作车头部分细节的选区，在图层面板中新建图层命名为"车头暗影"，并填充颜色为"黑色"，如图 9-48 至图 9-50 所示。

图 9-47　　　　　　　　　　　　　　　　图 9-48

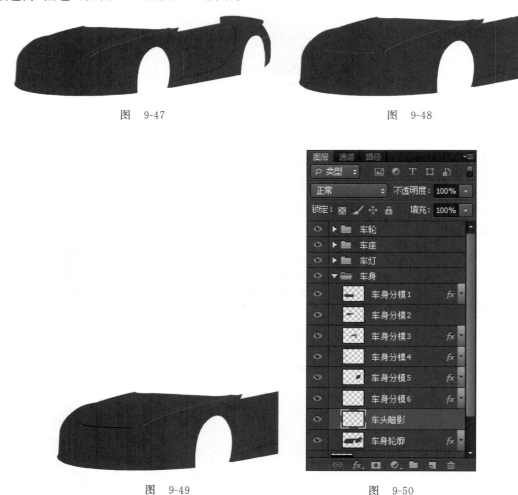

图 9-49　　　　　　　　　　　　　　　　图 9-50

Step21：将【车头暗影】部分进行【高斯模糊】处理，数值如图 9-51 所示，并将该图层移动到图层组最上层，如图 9-52 所示。

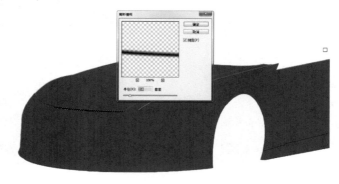

图 9-51

Step22：在【路径面板】中建立"前车孔1"路径层，用【钢笔】工具绘制选区，并在图层面板新建图层且同命名为"前车孔1"，如图9-53至图9-55所示。

图　9-52

图　9-53

图　9-54

图　9-55

Step23：将图层并填充"黑色"，进行同数值的【高斯模糊】处理，如图9-56和图9-57所示。

图 9-56   图 9-57

Step24：用相同的方法制作"前车孔 2"图层，进行同数值的【高斯模糊】处理，如图 9-58 至图 9-60 所示。

图 9-58   图 9-59   图 9-60

Step25：制作"车身孔"图层，并进行同数值的【高斯模糊】处理，如图 9-61 至图 9-63 所示。

图 9-62

图 9-61   图 9-63

Step26：制作"车身分模 7"路径层，转化成选区，如图 9-64 至图 9-66 所示。

Step27：用【减选】的方法确定选区，复制建立新一图层并应用图层样式，如图 9-67 和图 9-68 所示。

Step28：显示之前屏蔽的车灯层，用相同的方式制作左边的部分。用【钢笔】工具绘制并新建【车身分模 8】路径层，如图 9-69 至图 9-71 所示。

图　9-65

图　9-66

图　9-64

图　9-67

图　9-68

图　9-69

图　9-70

图　9-71

Step29：将路径转化成选区，新建"车身分模 8"图层并复制图层样式，如图 9-72 至图 9-74 所示。

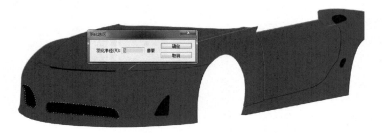

图　9-72

图　9-73

图　9-74

Step30：用【钢笔】工具绘制并新建【前车板】路径层，然后转化成【选区】，如图 9-75 和图 9-76 所示。

图　9-75

图　9-76

Step31：在工具栏中选择【渐变】工具，调出【渐变编辑器】制作渐变效果。在【图层面板】中新建同名图层，然后在该图层横向添加到【选区】，如图 9-77 和图 9-78 所示。

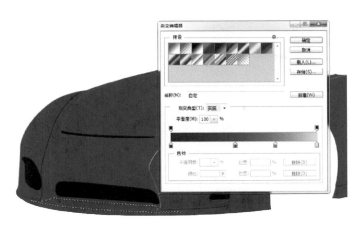

图 9-77

Step32：通过【减选】选区的方式制作出新的选区，同样在【渐变编辑器】中制作渐变。在【图层面板】中新建图层，命名为"前车板底"，然后在该图层横向添加到【选区】，如图9-79至图9-81所示。

图 9-78　　　　　　　　　　　　图 9-79

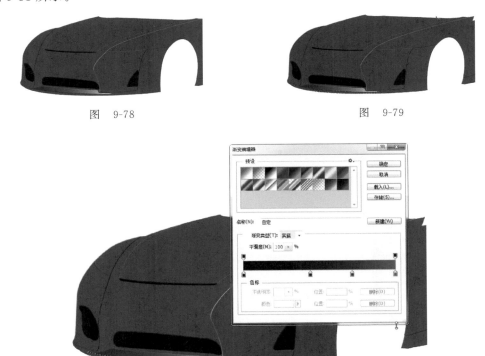

图 9-80

Step33：将【前车板】图层和【前车板底】图层同时进行【高斯模糊】处理，如图9-82和图9-83所示。

Step34：在【车身】图层组用工具栏中的【加深】工具将每一层车的不同部分分别绘制出车的反光和暗影，如图9-84至图9-88所示。

图　9-81

图　9-82

图　9-83

图　9-85

图　9-84

图　9-86

图　9-87　　　　　　　　　　图　9-88

Step35：新建【车灯1】路径层，将路径转化为选区，并在图层面板的【车灯】组新建同命名图层，将选区填充灰色，如图9-89至图9-92所示。

图　9-89

图　9-90

图　9-91

图　9-92

Step36：在图层【车灯1】中添加图层样式【描边】，并用加深工具将局部加深，如图9-93和图9-94所示。

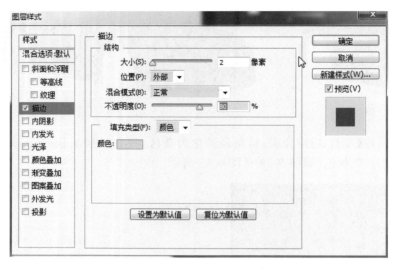

图　9-93

　　Step37：新建【车灯1-1】路径层制作圆形选区填充为白色，并添加【斜面和浮雕】与【图案叠加】两种图层样式，然后用【自由变换】工具调整其大小，如图9-95至图9-98所示。

图　9-94

图　9-95

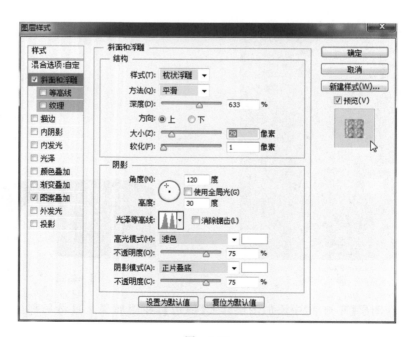

图　9-96

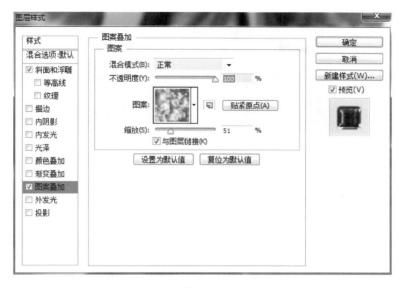

图　9-97

Step38：调整好小车灯的位置和大小并降低其不透明度，如图 9-99 至图 9-100 所示。

图　9-98

图　9-99

Step39：复制【车灯 1-1】图层到新一层，然后用【自由变换】工具调整其大小和位置，如图 9-101 和图 9-102 所示。

图　9-100

图　9-101

Step40：调整好第二个小车灯的位置后调出图层【车灯 1】的选区，然后【反选】将小车灯超出选区的位置删除掉，如图 9-103 和图 9-104 所示。

图　9-102

图　9-103

Step41：在工具栏中选择【多边形套锁】工具，建立新的选区以修饰车灯部分的更多细节，如图 9-105 和图 9-106 所示。

图　9-104

图　9-105

图　9-106

Step42：新建【车灯 1-2】图层并通过与图层【车灯 1】的选区交交集部分形成最终的【车灯 1-2】层的选区，如图 9-107 和图 9-108 所示。

图　9-107

图　9-108

Step43：将【车灯 1-2】图层添加【斜面和浮雕】和【图案叠加】图层样式，数值如图 9-109
所示。具体步骤如图 9-109 至图 9-112 所示。

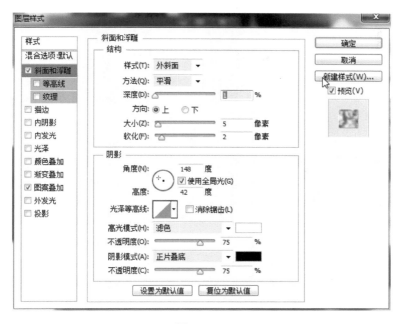

图　9-109

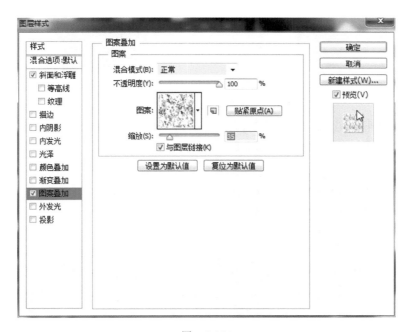

图　9-110

Step44：用【橡皮擦】工具（见图 9-113）将【车灯 1-2】图层中的图案进行局部减弱，表现
出自然的效果，数值如图 9-114 所示，效果如图 9-115 和图 9-116 所示。

图 9-111　　　　　　　　　图 9-112　　　　　　　　　图 9-113

图 9-114

图 9-115　　　　　　　　　　　　　　图 9-116

Step45：在【车灯组】新建【高光】图层，选择【画笔】工具，填充色为白色，调出【画笔面板】，并在【选择区】中调整【不透明度】和【流量】的数值，如图 9-117 至图 9-120 所示。

　　　　　　　　　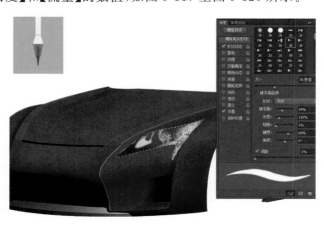

图 9-117　　　　　　　　　　　　图 9-118

图　9-119

Step46：用【涂抹】工具为白色画笔绘制的生硬的地方进行涂抹，使笔触的痕迹更加自然，如图 9-121 至图 9-123 所示。

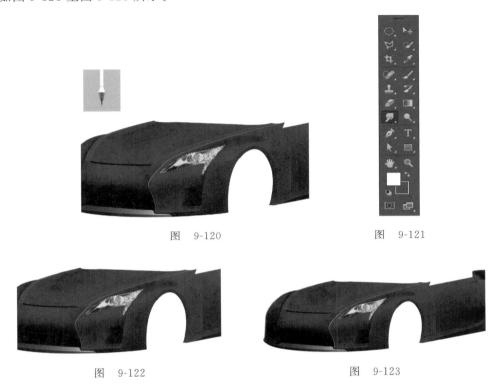

图　9-120

图　9-121

图　9-122

图　9-123

Step47：用相同的方法制作另一侧车灯，建立【车灯 2】路径层，转化选区，如图 9-124 至图 9-127 所示。

图　9-124

图　9-125

图 9-126   图 9-127

Step48：用【钢笔】工具绘制【风挡】，建立【风挡1】路径层，转化选区并建立同命名图层，用【渐变编辑器】制作所需的渐变效果，然后添加到选区，如图 9-128 至图 9-131 所示。

图 9-128   图 9-129

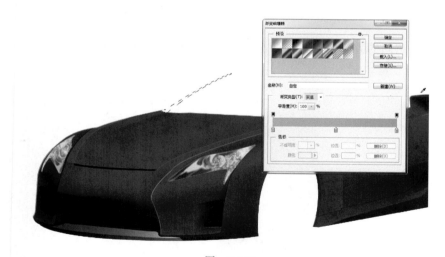

图 9-130

Step49：制作另一侧【风挡】，建立【风挡2】路径层，转化选区并建立同命名图层，用【渐变编辑器】制作所需的渐变效果，然后添加到选区，如图 9-132 至图 9-135 所示。

图 9-131

图 9-132

图 9-133

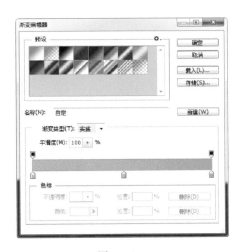

图 9-134

Step50：新建图层命名为"风挡 2-1"，制作选区并用【渐变编辑器】制作所需的渐变效果。然后添加到选区，将该图层进行【高斯模糊】处理，如图 9-136 至图 9-139 所示。

图 9-135

图 9-136

Step51：用【钢笔】工具绘制挡风玻璃的选区，新建【挡风玻璃】路径层，然后转化成选区，如图 9-140 至图 9-142 所示。

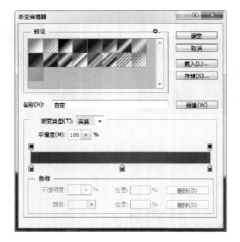

图 9-137

图 9-138

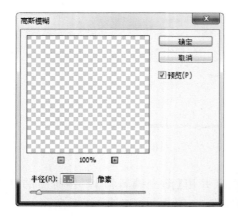

图 9-139

图 9-140

图 9-141

图 9-142

Step52：新建【挡风玻璃】图层，然后制作渐变效果并添加到同命名的新建图层中的选区里，如图 9-143 至图 9-146 所示。

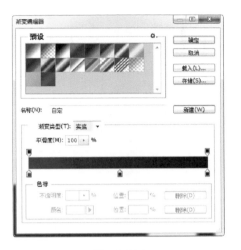

图　9-143　　　　　　　　　　　　　　　　　图　9-144

图　9-145

图　9-146

Step53：用【多边形套锁】工具制作侧面玻璃选区，新建【侧面玻璃】图层，将该图层的选区填充为浅灰白色，设置该图层【不透明度】为 90％，然后将该图层进行【高斯模糊】处理，如图 9-147 至图 9-151 所示。

图　9-147

图 9-148

图 9-149

图 9-150

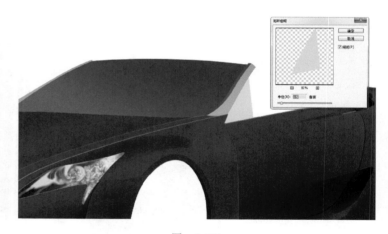

图 9-151

Step54：新建"车座"路径层并用【钢笔】工具制作车座路径，将路径转化选区，新建【车座1】图层，填充车座颜色为浅灰色，如图 9-152 至图 9-155 所示。

图 9-152

图 9-153

Step55：用【画笔】工具绘制车座的明暗变化和细节，如图 9-156 至图 9-158 所示。

图　9-154　　　　　　　　图　9-155　　　　　　　　图　9-156

图　9-157

图　9-158

Step56：复制新建的【车座 1】图层并用【自由变换】命令将复制的选区移动到合适的位置，如图 9-159 和图 9-160 所示。

图　9-159　　　　　　　　　　图　9-160

Step57：新建不同的图层，绘制车子内部的车把和安全带等细节，如图 9-161 和图 9-162 所示。

图　9-161

图　9-162

Step58：在【车座】组新建【图层 4】，绘制车门内部并制作渐变然后根据光线的规律添加渐变颜色，如图 9-163 至图 9-167 所示。

图　9-163

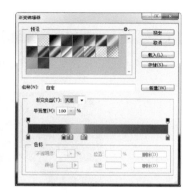

图　9-164

图　9-165

图　9-166

Step59：用【钢笔】工具绘制车座后面的部分，并传化成【图层 8】，如图 9-168 所示。

图　9-167

图　9-168

Step60：将车座背部的【图层 8】填充为红色，并用【加深】工具添加车座的背影，如图 9-169 所示。

Step61：用【椭圆选框工具】绘制汽车前车轮，在【车轮】图层组中新建图层，命名为"轮胎侧面"并填充深灰色，如图 9-170 至图 9-174 所示。

图 9-169

图 9-170

图 9-172

图 9-173

图 9-171

图 9-174

Step62：制作椭圆形选区，在【车轮】图层组中新建图层，命名为【挡圈】并填充中灰色，然后【收缩】选区并新建图层【轮架】，填充浅灰色，如图 9-175 至图 9-179 所示。

图　9-175

图　9-176

图　9-177

图　9-178

图　9-179

Step63：将【挡圈】和【轮胎侧面】图层分别添加【斜面和浮雕】图层样式，如图 9-180 和图 9-181 所示。

图　9-180

Step64：用【钢笔】工具绘制路径，转化成选区并新建图层命名为"辐板"，填充为深灰色，如图 9-182 和图 9-183 所示。

图　9-181

图　9-182

图　9-183

Step65：将【挡圈】图层的选区进行【收缩】和【羽化】的编辑，用【加深】工具给【挡圈】和【辐板】图层进行细节的加深，如图 9-184 至图 9-187 所示。

图　9-184

图　9-185

图　9-186

图　9-187

Step66：用【减淡】工具给【轮胎侧面】、【挡圈】、【轮架】和【辐板】图层进行细节的提亮，并新建图层命名为"轮胎"，将该层放置【车轮】组的最下层，并绘制轮胎选区填充为黑色，如图 9-188 和图 9-189 所示。

图 9-188 图 9-189

Step67：将【车轮】组中的所有图层都成组为【组 1】，并复制图层组【组 1 副本】，用【自由变换】命令将复制的轮胎移动到后车轮的位置，调整其大小，如图 9-190 至图 9-194 所示。

图 9-190 图 9-191

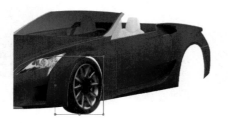

图 9-192 图 9-193

图 9-194

Step68：用【钢笔】工具绘制汽车所有的高光部分路径，建立【车身高光】路径层，同时在图层面板中建立【车身高光】图层并移动到顶层，填充为粉白色，如图 9-195 至图 9-198 所示。

图 9-195

图 9-196

图 9-197

图 9-198

Step69：用【直接选择】工具选中【汽车高光】路径层中的一个路径并调出选区，用【橡皮擦】工具擦除部分颜色，使高光带有半透明度更加自然，然后用相同的方法绘制其他部分的高光，如图 9-199 至图 9-203 所示。

图　9-199

图　9-200

图　9-201

图　9-202

图　9-203

Step70：在图层面板中新建【投影】层并置于底层，绘制汽车投影选区，【羽化】选区后填充黑灰色，如图9-204至图9-207所示。

图　9-204

图　9-205

图　9-206　　　　　　　　　　　　　图　9-207

Step71：在图层面板中新建【背景】层并置于底层，用【渐变编辑器】制作背景渐变效果，给该层填充渐变，如图 9-208 至图 9-210 所示。

图　9-208　　　　　　　　　　　　　图　9-209

图　9-210

Step72：用【加深】工具修饰局部的背景细节，最后调整车身整体的光线和效果，如图 9-211 和图 9-212 所示。

图　9-211

图　9-212

9.4　汽车提案展示

　　汽车的提案展示,汽车的组成部分很多,所以要考虑和设计到很多细节,要想体现出材质效果和细节,就要更准确地表达设计的各个部分,这对学习者是一个不小的考验,要让客户看到全面的设计效果。在提案中通过对材质和细节的表达,更能体现产品新颖和独特的性能,如图 9-213 所示。

图　9-213

9.5　本章小结

　　汽车制作关键步骤为：①首先画出汽车的整车车体，其中透视关系是关键，透视不正确，整个车的外观就会失衡。②要在【路径面板】中建立各个部件的路径层，以便后期调用。③在整车车体画正确后再画车上的各细节部件，如车灯、进气栅等。④画出车体上的反光及高光，注意高光及反光的刻画区域变化要根据车体表面的变化而改变。例如，车体外壳为向上的弧面，那么反光也会随着弧面的变化而改变。⑤为汽车添加背景，增加画面的空间感，并为汽车添加阴影，使汽车有落在地面的感觉，如图 9-214 所示。

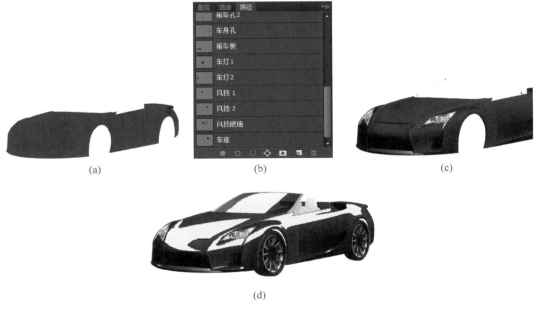

图　9-214

(e)

图 9-214 （续）

　　本章通过对汽车设计的各要素组成等进行定位分析，做好与客户之间的沟通，了解客户对汽车的定位要求。知道汽车的设计相对于其他产品而言表现起来是有一定难度的。通过对这款汽车制作的实例讲解，结合不同材质的之所方法，使用户更加深入地了解效果图的制作过程，并能够逼真的表达设计想法，从中必定有所收获。

9.6　经验介绍

　　产品设计的灯光设计，可以说是产品的"眼睛"，能够与使用者产生情感之间的交流。灯光的颜色、形态以及强弱要根据产品的形态和功能进行选择，以适合产品的特质。产品设计灯光的运用，除了其提示功能外，往往赋予了产品以生命。灯光的运用可以将产品丰富、充实起来，并利用光线将精致的局部凸显出来。灯光也可以营造意境之美，烘托产品的氛围、增添情趣，使产品具有层次感。示例如图 9-215 所示。

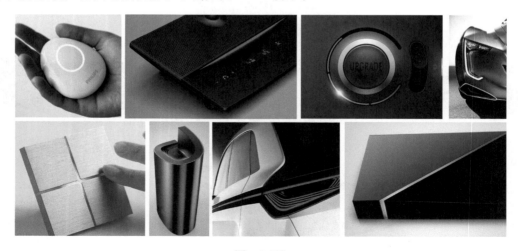

图　9-215

9.7 课后习题

　　根据本章讲解的内容，做如图 9-216 和图 9-217 所示图片产品作为练习，熟练掌握各种细节的刻画和材质的表现，使其尽量呈现立体逼真的效果。

图　9-216

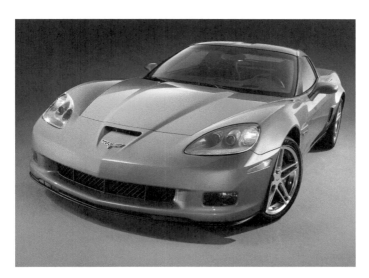

图　9-217